建设工程质量检测人员培训丛书

胡贺松　丛书主编

建筑幕墙检测

邢宇帆　主　编

何宇聪　曾俊锋　副主编

中国建筑工业出版社

图书在版编目（CIP）数据

建筑幕墙检测 / 邢宇帆主编；何宇聪，曾俊锋副主编. -- 北京：中国建筑工业出版社，2025. 5. --（建设工程质量检测人员培训丛书 / 胡贺松主编). -- ISBN 978-7-112-31152-1

Ⅰ. TU227

中国国家版本馆 CIP 数据核字第 2025JR5849 号

责任编辑：杨　允　辛海丽
责任校对：李美娜

建设工程质量检测人员培训丛书
胡贺松　丛书主编
建筑幕墙检测
邢宇帆　主　编
何宇聪　曾俊锋　副主编
*
中国建筑工业出版社出版、发行（北京海淀三里河路 9 号）
各地新华书店、建筑书店经销
国排高科（北京）人工智能科技有限公司制版
北京云浩印刷有限责任公司印刷
*
开本：787 毫米×1092 毫米　1/16　印张：6½　字数：151 千字
2025 年 7 月第一版　　2025 年 7 月第一次印刷
定价：**25.00** 元
ISBN 978-7-112-31152-1
（44845）

丛 书 编 委 会

主　　编：胡贺松

副 主 编：刘春林　孙晓立

编　　委：刘炳凯　梅爱华　罗旭辉　杨勇华　宋雄彬
　　　　　李祥新　邢宇帆　张宪圆　余佳琳　李　昂
　　　　　张　鹏　李　淼

本 书 编 委 会

主　　编：邢宇帆

副 主 编：何宇聪　曾俊锋

编　　委：胡颖男　谌湘文　卢浩轩　蒋明烨

　　建设工程质量检测监测，乃现代工程建设之命脉，承载着守护工程安全与品质之重任。随着建造技术革新浪潮奔涌、材料与工艺迭代日新月异，检测行业亦面临前所未有的挑战与机遇。检测工作不仅需为工程全生命周期提供精准数据支撑，更需以创新之力推动行业向绿色化、智能化、标准化纵深发展。在此背景下，培养兼具理论素养与实践能力的专业人才，实为行业高质量发展的关键基石。

　　"建设工程质量检测人员培训丛书"应势而生。此丛书由广州市建筑科学研究院集团有限公司倾力编纂，凝聚四十余载技术积淀，博采行业前沿成果，体系严谨、内容丰实。丛书十二分册，涵盖建筑材料、主体结构、节能幕墙、市政道路、桥梁地下工程等核心领域，更兼实验室管理与安全监测等专项内容，既立足基础，又紧扣时代脉搏。尤为可贵者，各分册编写皆以"问题导向"为纲，如《主体结构及装饰装修检测》聚焦施工质量隐患诊断，《工程安全监测》剖析风险预警技术，《建筑节能检测》则直指"双碳"目标下的绿色建筑评价体系。凡此种种，皆彰显丛书对行业痛点的精准回应与前瞻引领。

　　丛书之价值，尤在其"知行合一"的编撰理念。检测工作绝非纸上谈兵，须以理论为帆，以实践为舵。书中每一章节以现行标准为导向，辅以数据图表与操作流程详解，使晦涩标准化为生动指南。编写团队更汇集数位资深专家，其笔锋既透学术之严谨，又蕴实战之智慧。

　　"工欲善其事，必先利其器"。此丛书之意义，非止于知识传递，更在于精神传承。书中字里行间，浸润着编者"精益求精、守正创新"的行业匠心。冀望读者持此卷为舟楫，既夯实检测技术之根基，亦淬炼科学思维之锐度，以专业之力筑牢工程品质长城，以敬畏之心守护万家灯火安然。愿此书成为检测同仁案头常备之典，助力中国建造迈向更高、更远、更强之境。

　　是为序。

博士、教授级高工

前　言

FOREWORD

　　根据住房和城乡建设部颁布的《建设工程质量检测机构资质标准》(建质规〔2023〕1号)的相关规定,建设工程质量检测机构资质分为两个类别,即综合资质和专项资质,其中专项资质共分为建筑材料及构配件、主体结构及装饰装修、钢结构、地基基础、建筑节能、建筑幕墙、市政工程材料、道路工程、桥梁及地下工程9个专项。本书针对建筑幕墙专项的技术要求,详细介绍了幕墙用建筑密封胶、幕墙玻璃、幕墙物理性能的特性、检测方法、标准要求及工程应用。本书内容以现行国家标准、行业标准为依据,针对检测过程中的难点、要点,全面系统阐述了各检测项目及参数的分类与标识、检测依据、抽样与制样要求、技术要求、试验方法、评判规则以及检测报告模板等。

　　本书内容涵盖了建筑幕墙专项的3个检测项目,47个检测参数。本书共分为3章:第1章幕墙用建筑密封胶由曾俊锋、谌湘文编写,第2章幕墙玻璃由胡颖男、卢浩轩编写,第3章建筑幕墙物理性能检测由何宇聪编写,统稿由邢宇帆完成,蒋明烨对本书图稿进行了整理绘制。

　　本书注重理论与实际相结合,紧跟检测技术时代发展,既介绍建筑材料与构配件的基本理论知识,又介绍先进检测技术与应用;既介绍质量控制的基本原则,又重点突出实际检测中的常见问题与解决方法。本书可作为建筑材料与构配件试验检测员的资格考核培训教材,也可供各企事业单位技术人员、质量监督管理人员、大专院校相关专业师生学习参考。

　　本书特别感谢丛书主编胡贺松教授级高级工程师的策划、组织和指导,本书的编写工作还得到了有关领导、专家的大力支持和帮助,并提出了宝贵意见,感谢所有为本书编写提供专业建议和技术支持的专家学者。

　　由于编者水平有限和编写时间仓促,书中难免存在不足之处,恳请广大读者批评指正,欢迎反馈宝贵意见和建议。

目　录

CONTENTS

第 1 章

幕墙用建筑密封胶

1.1 简述

建筑密封胶是一种广泛应用于密封墙面、窗户、管道等建筑物件之间的接口和缝隙的建筑材料，防止水、气、噪声和灰尘等外界因素渗入室内。按基础聚合物分类可以分为硅酮、聚氨酯、聚硫、丙烯酸酯、丁基橡胶、硅烷改性密封胶等。其中硅酮、聚硫、聚氨酯三大室温固化弹性密封胶在我国应用最广泛，尤其是硅酮密封胶产品。建筑密封胶的分类如图 1.1-1 所示。

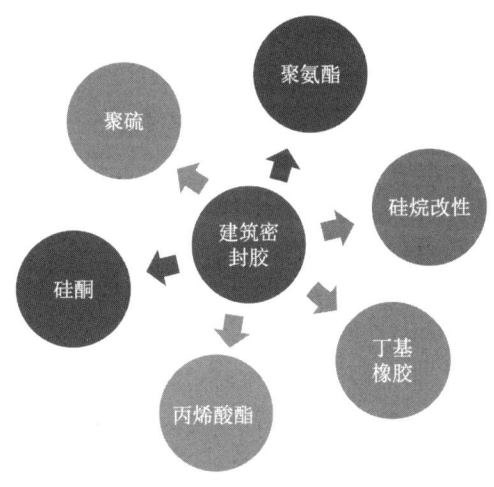

图 1.1-1　建筑密封胶的分类

建筑密封胶如果按所起的作用不同可以分为两大类：一类是建筑结构密封胶，另一类是非结构性密封胶。建筑结构密封胶又简称结构胶，常用于幕墙单元件制作时对玻璃等建筑板材起结构性粘结和密封作用，这些板材由结构胶粘结在框架上，无其他固定连接，对粘结强度有严格的要求。非结构性密封胶是指结构胶以外的其他建筑密封胶，又称为耐候密封胶，这类胶主要是用于接缝的耐候密封，不起结构装配作用，对强度没有严格的要求，只需能较好地黏附在基材上起到密封作用即可。由于要考虑基材热胀冷缩对接缝伸缩、气候的影响，密封胶必须有较好的弹性和位移能力以及抗气候老化能力。

建筑密封胶检评常用到的现行标准：

《建筑密封材料术语》GB/T 14682

《建筑密封胶分级和要求》GB/T 22083

《建筑用硅酮结构密封胶》GB 16776

《硅酮和改性硅酮建筑密封胶》GB/T 14683

《中空玻璃用硅酮结构密封胶》GB 24266

《建筑用阻燃密封胶》GB/T 24267

《建筑密封材料试验方法》GB/T 13477

《结构装配用建筑密封胶试验方法》GB/T 37126

《硅酮结构密封胶中烷烃增塑剂检测方法》GB/T 31851

《密封胶人工气候老化下拉压循环耐久性试验方法》GB/T 41753

《石材用建筑密封胶》GB/T 23261

《建筑用阻燃密封胶》GB/T 24267

《聚氨酯建筑密封胶》JC/T 482

《聚硫建筑密封胶》JC/T 483

《混凝土接缝用建筑密封胶》JC/T 881

《金属板用建筑密封胶》JC/T 884

《建筑用防霉密封胶》JC/T 885

《建筑幕墙用硅酮结构密封胶》JG/T 475

《建筑门窗幕墙用中空玻璃弹性密封胶》JG/T 471

《建筑窗用弹性密封胶》JC/T 485

《丙烯酸酯建筑密封胶》JC/T 484

1.2 检测方法

根据所起的作用不同建筑密封胶分为结构密封胶、耐候密封胶，其各自的性能也有差异。下面主要对结构密封胶、耐候密封胶的性能检测进行探讨。

1.3 结构密封胶

1.3.1 相容性

结构装配系统用附件（如：密封条、间隔条、衬垫条、固定块等）同密封胶相容性试验方法及结果的判定，主要适用于建筑幕墙结构系统的选材。试验后粘结性和颜色是否改变是确定材料相容性的关键，实践表明，试验中粘结性丧失和褪色的附件，在实际使用中同样会丧失粘结性和褪色。本试验通过观测密封胶的变色情况、密封胶对玻璃的粘结性、密封胶对附件的粘结性的情况，来判定结构装配系统用附件与密封胶是否相容。

试验原理：将一个有附件的试验试件放在紫外灯下直接辐照，在热条件下透过玻璃辐照另一个试件（图 1.3-1），再对没有附件的对比试件进行同样的试验，观察两组试件颜色的变化，对比试验密封胶同参照密封胶对玻璃及附件粘结性的变化。

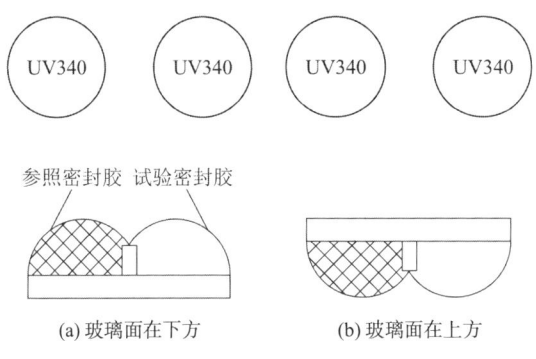

图 1.3-1　光照试件的放置

1）试验器具与材料

玻璃板：无色透明浮法玻璃，尺寸为 75mm × 50mm × 5mm，共 8 块；

隔离胶带：与密封胶不粘结，尺寸为 75mm × 50mm，8 条；

紫外线辐照箱：带温度显示（量程 20～100℃），内含 4 支 UVA-340 灯（灯中心间距 70mm），与试件上表面的距离为 254mm（图 1.3-2），用红外线灯或者其他加热设备保持温度(48 ± 2)℃；

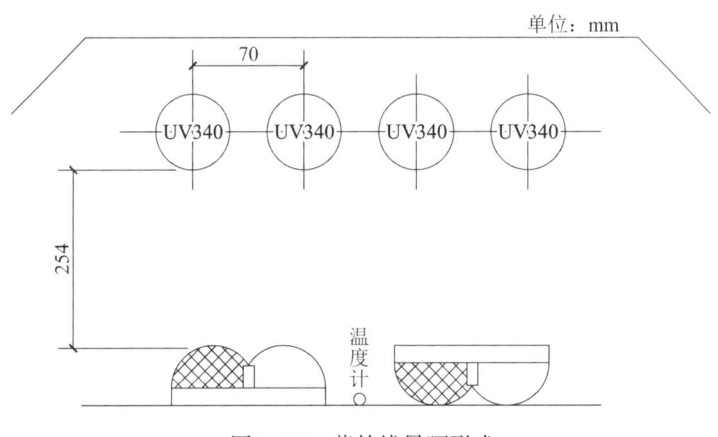

图 1.3-2　紫外线暴晒形式

清洗剂：推荐用 50%异丙醇-蒸馏水溶液；

试验密封胶：客户送样或者抽样；

对比密封胶：与试验结构胶（耐候胶）组成基本相同的浅色或半透明密封胶。

2）检测方法和步骤

（1）试件的制备

用 50%异丙醇-蒸馏水溶液清洗玻璃，在玻璃的一端粘贴 25mm 的隔离胶带。按图 1.3-3 制备 8 块试件，其中 4 块是无附件的对比试件，另外 4 块是有附件的试验试件。

将附件裁切成尺寸为 6mm × 6mm × 50mm 的长条状，放在玻璃板的中间。对比试件除不加附件外，和试验试件的制备方法完全相同。将试验密封胶挤注在附件的一侧，参照密封胶挤注在附件的另一侧，用刮刀整理密封胶使其与附件上端面及侧面紧密接触，并与玻璃密实粘结。两种胶的相接处应高于附件上端约 3mm。

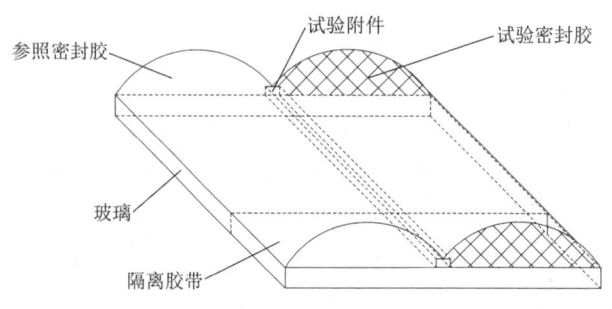

图 1.3-3　附件相容性试验的试件形式

（2）试件的养护

将制备好的试件在标准条件［本书所描述的标准条件均为温度(23 ± 2)℃，相对湿度(50 ± 5)%］下养护 7d。取两个试验试件和两个对比试件，玻璃面朝下放置在紫外线辐照箱中；再放入两个试验试件和两个对比试件，玻璃面朝上放置（图 1.3-1a 和图 1.3-1b）。在紫外灯下照射 21d。

为了保证紫外线辐照强度在一定范围内，紫外灯使用 8 周后应进行更换。为保证均匀辐照，每两周按图 1.3-4 更换一次灯管的位置，3 号灯去除，将 2 号灯移到 3 号灯的位置，1 号灯移到 2 号灯的位置，将 4 号灯移到 1 号灯的位置，并在 4 号灯的位置安装一个新灯管。试件的表面温度每天记录一次。

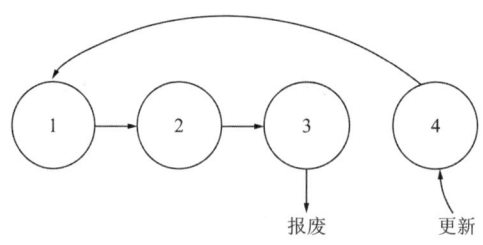

图 1.3-4　灯管位置及更换顺序

（3）试验步骤

取出紫外线辐照箱下照射 21d 的试件，在标准条件下冷却 4h 后，用手握住隔离胶带上的密封胶，与玻璃呈 90°方向用力拉密封胶，使密封胶从玻璃粘结处剥离。粘结破坏面积的测量和计算：用透过印制有 1mm × 1mm 网格线的透明膜片，测量拉伸粘结试件面上粘结破坏面积较大面占有的网格数，精确到 1 格（不足 1 格不计）；粘结破坏面积以粘结破坏格数占总格数的百分比表示。并按公式(1.3-1)计算试验胶、参照胶与玻璃内聚破坏面积的百分比率。

$$C_F = 100\% - A_L \tag{1.3-1}$$

式中：C_F——内聚破坏面积的百分比率（%）；

A_L——粘结破坏面积的百分比率（%）。

检查密封胶对附件的粘结性。与附件呈 90°方向用力拉密封胶，使密封胶从附件粘结处剥离。粘结破坏面积的测量和计算，用透过印制有 1mm × 1mm 网格线的透明膜片，测量附件面上粘结破坏面积较大面占有的网格数，精确到 1 格（不足 1 格不计）；粘结破坏面积以粘结破坏格数占总格数的百分比表示。并按式(1.3-1)计算试验胶、参照胶与附件内聚破坏面积的百分率。

按表 1.3-1 的指标检查并记录试验胶与参照胶颜色的变化及其他任何值得注意的变化。

颜色变化的评定   表 1.3-1

级别	颜色变化	变色描述
0	无变色	颜色无任何变化
1	非常轻微的变色	只有非常轻微的变化，以至于通常无法确定
2	轻微的变色	很淡的颜色，通常为黄色
3	明显变色	较轻的颜色，通常为黄色、橙色、粉红色或棕色
4	严重变色	明显的颜色，可能是红色、紫色掺杂着黄色、橙色、粉红色或棕色
5	非常严重的变色	较深的颜色，可能是黑色或其他颜色

3）试验报告

紫外光暴露后附件同密封胶相容性试验的结果可参考附录 1 格式进行报告。

4）试验结果判定

结构装配系统用附件与结构密封胶的相容性试验结果按相关标准进行判定，例如表 1.3-2 按《建筑用硅酮结构密封胶》GB 16776—2005 附录 A 进行判定。

结构装配系统用附件与结构密封胶相容性判定指标   表 1.3-2

试验项目		判定指标
附件同密封胶相容性	颜色变化	试验试件与对比试件颜色变化一致
	玻璃与密封胶	试验试件、对比试件与玻璃粘结破坏面积的差值 ≤ 5%

1.3.2 剥离粘结性

本部分适用于测定弹性建筑密封胶的剥离强度和破坏状况。

将被测密封胶涂在粘结基材上，并埋入布条或金属丝网，制得试件。在规定的条件下将试件养护至规定时间，然后使用电子式万能试验机将埋放的布条沿 180°方向从粘结基材上剥下，测定剥下布条时的拉力值及密封材料与粘结基材剥离时的破坏状况。本书分别对密封胶与标准基材、密封胶与工程实际基材的剥离粘结性的检测方法进行探讨。

1.3.2.1 密封胶与标准基材的剥离粘结性的检测方法

1）试验器具与材料

电子式万能试验机：配有拉伸夹具和记录装置，拉伸速度可调至 50mm/min；

铝材（铝板）：阳极氧化，材质符合《建筑密封材料试验方法 第 1 部分：试验基材的规定》GB/T 13477.1—2002 中 4.3.2 条的规定，尺寸 150mm × 75mm × 5mm；

玻璃板：无色透明浮法玻璃，材质符合 GB/T 13477.1—2002 中 4.2 节的规定，尺寸 150mm × 75mm × 5mm；

水泥砂浆板：原材料及制备方法同 GB/T 13477.1—2002 中 4.1.2 条和 4.1.3 条的规定，具有粗糙表面，尺寸 150mm × 75mm × 10mm；

布条/金属丝网：脱水处理的 8×10 或 8×12 帆布，尺寸 180mm×75mm，厚约 0.8mm，或用 30 目（孔径约 0.6mm）、厚度 0.5mm 的金属丝网；

隔离胶带：与密封胶不粘结，成卷，25mm 宽；

紫外线辐照箱：带温度显示（量程 20～100℃）；灯管功率 300W，灯管与箱底平行，并且距离可调节；用红外线灯或者其他加热，温度可调 [(65±3)℃]。

清洗剂：推荐用 50% 异丙醇-蒸馏水溶液。

试验密封胶：客户送样或者抽样。

2）试件的制备

将被测密封胶在未打开的原包装中置于标准条件下处理 24h，样品质量不小于 250g。如果是多组分密封材料，应同时处理相应的固化剂。

用刷子清理水泥砂浆板表面，用清洗剂清洗玻璃和铝基材，干燥后备用。根据密封胶生产厂家的说明或有关各方的商定确定是否在基材上涂刷底涂料。每种基材准备两块板，并在每块基材上制备两个试件。

按图 1.3-5 制备试件。在粘结基材上横向放置一条 25mm 宽的遮蔽条，遮蔽条的下边距基材的下边至少 75mm。然后，将已在标准条件下处理过的试样涂抹在粘结基材上 [多组分结构胶各组分应均匀无层，如有分层应搅拌均匀后再按生产商规定的配比充分混合真空搅拌（真空度 ≥ 0.09MPa）]，混合时间约为 5min。无特殊要求，混合后样品应在 10min 内完成注模和修整。涂抹面积为 100mm×75mm（包括遮蔽条），涂抹厚度约为 2mm。

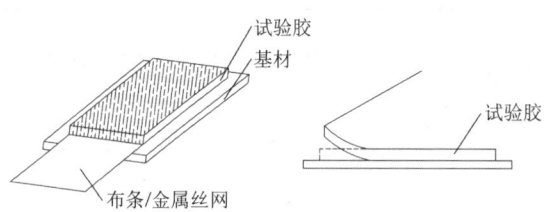

图 1.3-5　剥离粘结性试件示意图

用刮刀将试样涂刮在布条/金属丝网的一端，面积为 100mm×75mm，布条/金属丝网两面均涂试样，直到试样渗透布条/金属丝网为止。将涂好试样的布条/金属丝网放在已涂试样的基材上，基材两侧各放置一块厚度合适的垫板。在每块垫板上纵向放置一根金属棒。从有遮蔽条的一端开始，用玻璃棒沿金属棒滚动，挤压下面的布条/金属丝网和试样，直至试样的厚度均达到 1.5mm，除去多余的试样。

将制得的试件在标准条件下养护 7d 后，在布/金属丝网上复涂一层 1.5mm 厚试样。然后，将复涂后的试件继续在标准条件下养护 21d，多组分试件继续养护 7d。养护结束后，用锋利的刀片沿试件纵向切割 4 条线，每次都要切透试料和布条/金属丝网至基材表面。留下 2 条 25mm 宽、埋有布条/金属丝网的试料带，两条带的间距为 10mm，除去其余部分。将试件在蒸馏水中浸泡 7d。水泥砂浆试件应与玻璃、铝试件分别浸泡。

如果剥离粘结性试件是玻璃基材，将在标准条件养护结束并处理后的试件放入紫外线辐照箱，调节灯管与试件间的距离，使紫外线辐照强度为 2000～3000μW/cm²，温度为 (65±3)℃。试件的试料表面应背朝光源，透过玻璃进行紫外线暴露试验。在无水条件下紫外线暴露 200h，然后继续将试件在蒸馏水中浸泡 7d。

3）试验步骤

从水中取出试件后，立即擦干。将试料与遮蔽条分开，从下边切开 12mm 试料，仅在基材上留下 63mm 长的试料带。将试件装入电子式万能试验机，以 50mm/min 的速度于 180°方向拉伸布条/金属丝网，使试料从基材上剥离。剥离时间约为 1min。记录剥离时拉力峰值的平均值（N）。若发现从试料上剥下的布条/金属丝网很干净，应舍弃记录的数据，用刀片沿试料与基材的粘结面上切开一个缝口，继续进行试验。每种基材应测试 2 块试件上的 4 条试验带。

计算并记录每种基材上 4 条试料带的剥离强度及其平均值（N/mm）和每条试料带粘结或内聚破坏面积的百分率（%）。粘结破坏面积的测量和计算，用透过印制有 1mm × 1mm 网格线的透明膜片，测量附件面上粘结破坏面积较大面占有的网格数，精确到 1 格（不足 1 格不计）；粘结破坏面积以粘结破坏格数占总格数的百分比表示。并按式(1.3-1)计算密封胶与基材粘结或内聚破坏面积的百分率。

4）结果判定

密封胶与标准基材的剥离粘结性结果参考《建筑用硅酮结构密封胶》GB 16776—2005 附录 B 进行判定，粘结破坏面积的算术平均值应 ≤ 20%。

1.3.2.2 密封胶与工程实际基材的剥离粘结性的检测方法

通过密封胶与工程实际基材（如：玻璃、铝材、铝塑板等）的剥离粘结性试验方法及结果的判定，便于幕墙工程结构系统的选材。本试验采用工程实际基材同密封胶粘结制备试件，测定水浸处理后基材粘结破坏面积来确定密封胶与基材的剥离粘结性。

1）试验器具与材料

电子式万能试验机：配有拉伸夹具和记录装置，拉伸速度可调至 50mm/min；

基材：玻璃、铝材、铝板、铝塑板、石材等实际工程中与密封胶接触的基材；

布条/金属丝网：脱水处理的 8 × 10 或 8 × 12 帆布，尺寸为 180mm × 75mm，厚约 0.8mm；或用 30 目（孔径约 0.6mm）、厚度 0.5mm 的金属丝网；

隔离胶带：与密封胶不粘结，成卷，25mm 宽；

紫外线辐照箱：带温度显示（量程 20～100℃）；灯管功率 300W，灯管与箱底平行，并且距离可调节；用红外线灯或者其他加热，温度可调［(65 ± 3)℃］；

清洗剂：推荐用 50%异丙醇-蒸馏水溶液；

水：去离子水或蒸馏水；

试验密封胶：工程用密封胶。

2）试件制备

用清洗剂擦洗基材，干燥后使用，根据需要分别在基材上涂刷涂料。在粘结基材上横向放置一条 25mm 宽的遮蔽条，遮蔽条的下边距基材的下边至少 75mm，然后将已在标准条件下处理过的试样涂抹在粘结基材上［多组分结构胶各组分应均匀无层，如有分层应搅拌均匀后再按生产商规定的配比充分混合真空搅拌（真空度 ≥ 0.09MPa），混合时间约为 5min。无特殊要求，混合后样品应在 10min 内完成注模和修整］，涂抹（包括遮蔽条）厚度约 2mm。用刮刀将试料涂刮在布条/金属丝网（宽与基材一致）一端，布条/金属丝网两面均涂拭，直到试料渗透金属丝网为止。将涂好试料的金属丝网放在已涂试料的基材上，基材两侧各放置一块厚度合适的垫板，在每块垫板上纵向放置一根黄铜棒，从有遮蔽条的一端开始，用玻璃棒沿黄铜棒滚动，挤压下面的金属丝网和试料，直至试料的厚度均匀达到 1.5mm，除去多余的试料。

将制得的试件在标准条件下养护 7d 后，在布条/金属丝网上复涂一层 1.5mm 厚试样。然后将复涂后的试件继续在标准条件下养护 21d，多组分试件继续养护 7d。养护结束后，用锋利的刀片沿试件纵向切割 4 条线，每次都要切透试料和布条/金属丝网至基材表面。留下 2 条 25mm 宽的、埋有布条/金属丝网的试料带，除去其余部分。将试件在蒸馏水中浸泡 7d。水泥砂浆试件应与玻璃、铝试件分别浸泡。

如果剥离粘结性试件是玻璃基材，将在标准条件养护结束并处理后的试件放入紫外辐照箱，调节灯管与试件间的距离，使紫外线辐照强度为 2000～3000μW/cm²，温度为 (65 ± 3)℃。试件的试料表面应背朝光源，透过玻璃进行紫外线暴露试验。在无水条件下紫外线暴露 200h，然后继续将试件在蒸馏水中浸泡 7d。

3）试验步骤

从水中取出试件后，立即擦干，将试料与遮蔽条分开，从下边切开 12mm 试料，仅在基材上留下 53mm 长的试料带。将试件装入拉力试验机，以 50mm/min 的速度于 180°方向拉伸金属丝网，使试料从基材上剥离，剥离时间约 1min，记录剥离时拉力峰值的平均值（N），若发现试料已从基材上完全剥离，则应舍弃本次记录的数据，并用刀片沿试料与基材的粘结面上切开一个缝口，重新进行试验。对每种基材，应测试 2 块试件上的 4 条试料带。

计算并记录每种基材上 4 条试料带的剥离强度及其平均值（N/mm）和每条试料带粘结或内聚破坏面积的百分率（%）。粘结破坏面积的测量和计算，用透过印制有 1mm × 1mm 网格线的透明膜片，测量附件面上粘结破坏面积较大面占有的网格数，精确到 1 格（不足 1 格不计）；粘结破坏面积以粘结破坏格数占总格数的百分比表示。并按式(1.3-1)计算密封胶与基材粘结或内聚破坏面积的百分率。

4）结果判定

密封胶与标准基材的剥离粘结性结果参考《建筑用硅酮结构密封胶》GB 16776—2005 附录 B 进行判定，粘结破坏面积的算术平均值应 ≤ 20%。

1.3.3 粘结性能

1）粘结性试件的制备

制备试件前，用于试验的结构胶应在标准试验条件下放置 24h 以上。

粘结性试件应按图 1.3-6 组装。多组分结构胶各组分应均匀无层，如有分层应搅拌均匀后再按生产商规定的配比充分混合真空搅拌（真空度 ≥ 0.09MPa），混合时间约为 5min。无特殊要求，混合后样品应在 10min 内完成注模和修整。按产品标识适用的基材类别来选用基材，基材应具有足够的强度防止弯曲变形破损。基材尺寸可以不同于图 1.3-6，但应保持硅酮结构胶粘结体的尺寸为 (12 ± 1)mm × (12 ± 1)mm × (50 ± 1)mm。

G 类——符合 GB/T 13477.1—2002 要求，清洁、无镀膜的浮法玻璃，厚度不小于 5mm；

AL 类——符合 GB/T 13477.1—2002 要求，阳极氧化铝板厚度不小于 3mm；

M 类——供方要求的其他金属基材。

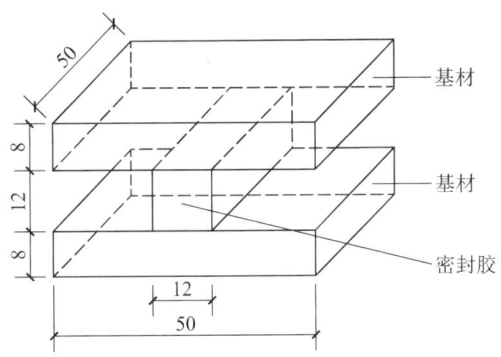

图 1.3-6 粘结性试件的示意图

试件应按下列方式制备:

(1)每个试件应有一面选用 G 类基材,另一面基材按生产商规定,若无规定则选 G 类基材。试验基材应进行有效清洁。可按生产商指定的清洁剂及清洁方式清洁,也可采用以下方式清洁:

将试验基材放入无水丙酮(分析纯)中浸泡至少 2h;

用脱脂纱布蘸取新鲜、洁净的无水丙酮(分析纯)将基材表面擦拭 2 遍;

用脱脂纱布蘸取新鲜、50%异丙醇-蒸馏水溶液将基材表面擦拭 2 遍。

(2)按密封材料生产商的说明(如是否使用底涂料及多组分密封材料的混合程序)制备试件;双组分硅酮结构胶应均匀无分层,且应按生产商要求的比例充分混合,真空搅拌(真空度 > 0.095MPa),混合时间约为 5min。无特殊要求时,混合后应在 10min 内完成注模和修整。

(3)将洁净的两块粘结基材与两块隔离垫块组装成空腔,在空腔内注入胶样制成试件。嵌填试样时应注意下列事项:

①避免形成气泡。

②将试样挤压在基材的粘结面上,粘结密实。

③修整试样表面,使之与基材和垫块的上表面齐平。

(4)将试件侧放,尽早去除防粘材料,以使试样充分固化或完全干燥。将制备好的试件于标准试验条件下放置 28d(多组分 14d)。在养护期内,应使隔离垫块保持原位。当选择的基材尺寸可能影响试件的固化速度时,在不损坏结构胶试件的条件下,宜尽早将隔离垫块与密封材料分离,但仍需保持定位状态。

2)粘结强度计算

每个试件的拉伸粘结强度、剪切强度(撕裂强度)应按公式(1.3-2)计算:

$$r = \frac{P}{b_1 L_1} \tag{1.3-2}$$

式中:r——拉伸粘结强度(MPa);

　　　P——拉力(N);

　　　b_1——结构胶宽度(mm);

　　　L_1——结构胶长度(mm)。

强度标准值 R 按公式(1.3-3)计算,老化或处理后强度保持率按公式(1.3-4)计算,试验结

果的标准偏差 S 按公式(1.3-5)计算。

$$R_{u,5} = X_{mean} - \tau_{\alpha\beta} \times S \tag{1.3-3}$$

$$\Delta X_{mean} = (X_{mean,c}/X_{mean,23℃}) \times 100 \tag{1.3-4}$$

$$S = \left\{\frac{1}{n-1}\sum_{i=1}^{n}(X_i - X_{mean})^2\right\}^{\frac{1}{2}} \tag{1.3-5}$$

式中：$R_{u,5}$——75%置信度时给定的强度标准值，95%试验结果将高于该值（MPa）；

X_{mean}——拉伸粘结强度或剪切强度平均值（MPa）；

$X_{mean,23℃}$——23℃拉伸、剪切强度试验结果平均值（MPa）；

$X_{mean,c}$——经过老化或处理后的拉伸、剪切强度试验结果平均值（MPa）；

ΔX_{mean}——老化或处理后的拉伸、剪切强度保持率（%）；

$\tau_{\alpha\beta}$——具有75%置信度，5%偏差时的因子，可按表1.3-3取值；

S——试验结果的标准偏差（MPa）；

n——每组试件的数量（个）；

X_i——第 i 个试件测得的拉伸粘结强度或剪切强度（MPa）。

$\tau_{\alpha\beta}$ 与试件数量的关系　　　　　　　　　表 1.3-3

试件数量/个	5	6	7	8	9	10	15	30	∞
$\tau_{\alpha\beta}$	2.46	2.33	2.25	2.19	2.14	2.10	1.99	1.87	1.64

1.3.4　密度检测

在金属环或金属模框中填充密封胶制成试件，填充前后分别称量金属环或金属模框以及试件在空气中和在试验液体中的质量，计算密封胶的密度。

1）试验器具与材料

耐腐蚀的金属环：尺寸为内径(30 ± 1.0)mm，高(10 ± 0.1)mm。每个环上设有吊钩，以便称量时用不吸水的丝线悬挂，金属环形状及尺寸如图1.3-7（a）所示。

耐腐蚀的金属模框：尺寸为内径(30 ± 1.0)mm，内深(10 ± 0.1)mm，金属模框形状及尺寸如图1.3-7（b）所示。

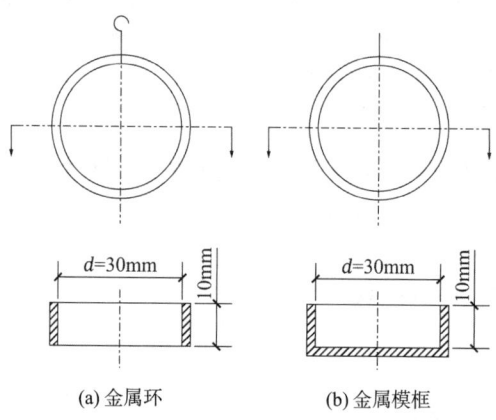

(a) 金属环　　　　　　　(b) 金属模框

图 1.3-7　金属环和金属模框

密度天平：分度值为 0.001g。能称量试件在试验液体中的质量和在空气中的质量。

防粘材料：用于制备金属环试件，如潮湿的滤纸。

试验液体：温度(23 ± 2)℃，含量低于 0.25%（质量分数）的低泡沫表面活性剂水溶液。对于水溶性或吸水性等水敏感性密封胶，应采用密度为 0.69g/mL 的化学纯 2,2,4 三甲基戊烷（异辛烷）。

2）检测方法和步骤

试验前，待测样品及所用试验器具和材料应在标准试验条件下放置至少 24h。可以选用金属环法或金属模框法进行试验，每种方法应制备 3 个试件。多组分试样每个组分分别测试。

（1）金属环法

用密度天平称量每个金属环在空气中的质量m_1和在试验液体中的质量m_2。将金属环表面附着的试验液体擦拭干净后放在防粘材料上，然后将在标准试验条件下放置 24h 以上的密封胶试样填满金属环。嵌填试样时，应注意下列事项：

① 避免形成气泡。

② 将密封胶在金属环的内表面上压实，确保充分接触。

③ 修整密封胶表面，使其与金属环的上缘齐平。

④ 立即从防粘材料上移走金属环试件，以使密封胶的背面齐平。

立即称量已填满试样的金属环试件在空气中的质量m_3和在试验液体中的质量m_4，称量应在 30s 内完成。对于水敏感性密封胶，在异辛烷中的称量应在表干后立即进行。

（2）金属模框法

用密度天平称量每个金属模框在空气中的质量m_1和在试验液体中的质量m_2。将金属模框表面附着的试验液体擦拭干净后放在防粘材料上，然后将在标准试验条件下放置 24h 以上的密封胶试样填满金属模框。嵌填试样时，应注意下列事项：

① 避免形成气泡。

② 将密封胶在金属模框的内表面上压实，确保充分接触。

③ 修整密封胶表面，使之与金属模框的上缘齐平。

④ 立即从防粘材料上移走金属模框试件，以使密封胶的背面齐平。

立即称量已填满试样的金属模框试件在空气中的质量m_3和在试验液体中的质量m_4，称量应在 30s 内完成。对于水敏感性密封胶，在异辛烷中的称量应在表干后立即进行。

试验结果计算：

每个试件的密度应按公式(1.3-6)计算：

$$D = \frac{(m_3 - m_1)}{(m_3 - m_4) - (m_1 - m_2)} \times D_W \tag{1.3-6}$$

式中：D——23℃时密封胶的密度（g/cm^3）；

m_1——填充密封胶前金属环或金属模框在空气中称量的质量（g）；

m_2——填充密封胶前金属环或金属模框在试验液体中称量的质量（g）；

m_3——试件制备后立即在空气中称量的质量（g）；

m_4——试件制备后立即在试验液体中称量的质量（g）；

D_W——23℃时试验液体的密度（g/cm^3）；

试验结果以三个试件算术平均值表示，精确到 0.01g/cm^3。

1.3.5 下垂度检测

在规定条件下，将非下垂型密封材料填充到规定尺寸的模具中，在不同温度下以垂直或水平位置保持规定时间，报告试样流出模具端部的长度。

1）试验器具与材料

下垂度模具：两端开口的槽形模具，用阳极化或非阳极化铝合金制成（图1.3-8）。长度(150 ± 0.2)mm，其中一端底面延伸(50 ± 0.5)mm，槽的内部尺寸为宽(20 ± 0.2)mm，深(10 ± 0.2)mm；

鼓风干燥箱：温度能控制在(50 ± 2)℃、(70 ± 2)℃；

低温恒温箱：温度能控制在(5 ± 2)℃；

钢板尺：单位为0.5mm；

聚乙烯薄膜条：厚度不大于0.5mm，在试验条件下，长度变化不大于1mm。

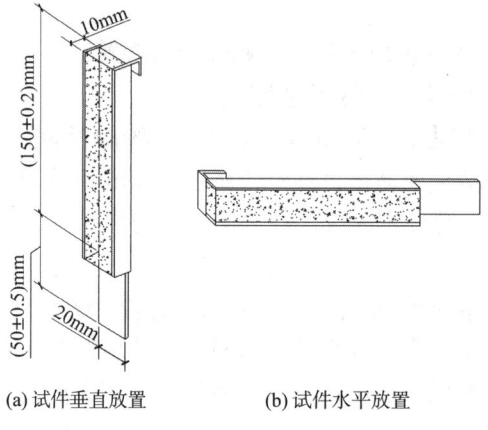

(a) 试件垂直放置　　　　(b) 试件水平放置

图1.3-8　下垂度模具

2）检测方法和步骤

将模具用丙酮或50%异丙醇-蒸馏水溶液擦净并干燥，把聚乙烯薄膜衬在底部，使其盖住模具上部边缘，并固定在外侧，然后把已在标准试验条件下放置24h的密封材料用刮刀填入模具内，使之与模具上表面和端部齐平，注意勿留气孔。多组分结构胶各组分应均匀无层，如有分层应搅拌均匀后再按生产商规定的配比充分混合真空搅拌（真空度 ≥ 0.09MPa），混合时间约为5min。无特殊要求，混合后样品应在10min内完成注模和修整。每种试验条件制备一个试件。根据各方协商，试件可按试验步骤A或试验步骤B测试。试验温度按评判标准规定的温度进行。

试验步骤A：

将制备好的试件立即垂直放置在已调节至(70 ± 2)℃和/或(50 ± 2)℃的干燥箱和/或(5 ± 2)℃的低温箱内，模具的延伸端向下（图1.3-8a），放置24h。然后从干燥箱或低温箱中取出试件。用钢板尺在垂直方向上测量每一试件中试样从底面往延伸端向下移动的距离（mm）。

试验步骤B：

将制备好的试件立即水平放置在已调节至(70 ± 2)℃和/或(50 ± 2)℃的干燥箱和/

或 (5 ± 2)℃的低温箱内，使试样的外露面与水平面垂直（图 1.3-8b），放置 24h。然后从干燥箱或低温箱中取出试件。用钢板尺在水平方向上测量每一试件中试样超出槽形模具前端的最大距离（mm）。

如果试验失败，允许重复试验，但只能重复一次。当试样从槽形模具中滑脱时，模具内表面可按生产方的建议进行处理，然后重复进行试验。

1.3.6 表干时间的测定

在规定条件下将密封材料试样填充到规定形状的模框中，用在试样表面放置薄膜或指触的方法测量其干燥程度。报告薄膜或手指上无黏附试样所需的时间。

1）试验器具与材料

黄铜板：尺寸 19mm × 38mm，厚度约 6.4mm；

模框：矩形，用钢或铜制成，内部尺寸 25mm × 95mm，外形尺寸 50mm × 120mm，厚度 3mm；

玻璃板：尺寸 80mm × 130mm，厚度 5mm；

聚乙烯薄膜：2 张，尺寸 25mm × 130mm，厚度约 0.1mm；

清洗剂：推荐用 50%异丙醇-蒸馏水溶液；

刮刀；

无水乙醇。

2）检测方法和步骤

用 50%异丙醇-蒸馏水溶液或丙酮等溶剂清洗模框和玻璃板。将模框居中放置在玻璃板上，用在标准条件下至少放置过 24h 的试样小心填满模框，勿混入空气。多组分结构胶各组分应均匀无层，如有分层应搅拌均匀后再按生产商规定的配比充分混合真空搅拌（真空度 ≥ 0.09MPa），混合时间约为 5min。无特殊要求，混合后样品应即刻注入模框。用刮刀刮平试样，使其厚度均匀。同时，制备两个试件。根据各方协商，试件可按 A 法或 B 法测试。

A 法：将制备好的试件在标准条件下静置一定的时间，然后在试样表面纵向 1/2 处放置聚乙烯薄膜，薄膜上中心位置加放黄铜板。30s 后移去黄铜板，在 15s 内将薄膜以 90°角从试样表面匀速揭下。相隔适当时间在另外部位重复上述操作，直至无试样黏附在聚乙烯条上为止。记录试件成型后至试样不再黏附在聚乙烯条上所经历的时间。

B 法：将制备好的试件在标准条件下静置一定的时间，然后用无水乙醇擦净手指端部，轻轻接触试件上三个不同部位的试样。相隔适当时间重复上述操作，直至无试样黏附在手指上为止。记录试件成型后至试样不再黏附在手指上所经历的时间。

3）表干时间的数值修约方法

（1）表干时间少于 30min 时精确至 5min。

（2）表干时间在 30min 至 1h 之间时精确至 10min。

（3）表干时间在 1h 至 3h 之间时精确至 30min。

（4）表干时间超过 3h 时精确至 1h。

1.3.7 挤出性与适用期

测定在规定条件下采用压缩空气将密封材料从聚乙烯挤出筒挤出的时间。

1）试验器具与材料

气动挤枪：密封材料生产商建议的用于施工现场的挤枪；

稳压气源：带有调节阀和压力表，压力可保持在(340 ± 10)kPa，与气动挤枪适当连接；

聚乙烯挤出筒：如图 1.3-9 所示。

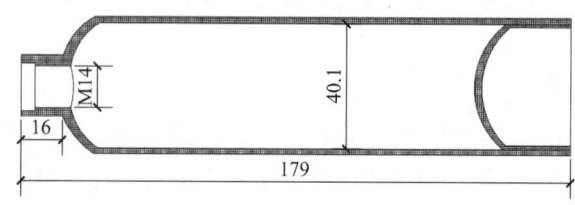

图 1.3-9　聚乙烯挤出筒

2）检测方法和步骤

（1）挤出性

采用图 1.3-9 的挤出性试验用聚乙烯挤出筒，装填容量为 177mL，不安装挤胶嘴，密封尾塞，挤胶气压为 340kPa，测定一次将全部样品挤出所需的时间，精确到 0.1s。试验次数为 1 次。

（2）适用期（多组分）

多组分结构胶各组分应均匀无层，如有分层应搅拌均匀后再按生产商规定的配比充分混合真空搅拌（真空度 ≥ 0.09MPa），混合时间约为 5min。无特殊要求，混合后样品应即刻装入图 1.3-9 挤出筒内，装填容量为 177mL，不安装挤胶嘴，密封尾塞，从多组分混合时开始计时，20min 后，挤胶气压为 340kPa，测定一次将全部样品挤出所需的时间，精确到 0.1s。试验次数为 1 次。

1.3.8　邵氏硬度（Shore A）

邵氏硬度计的测量原理是在特定的条件下把特定形状的压针压入橡胶试样而形成压入深度，再把压入深度转换为硬度值。

1）试验器具与材料

邵氏硬度计：A 型；

耐腐蚀的金属模框：尺寸为内径 130mm × 40mm × 7mm；

聚乙烯薄膜条：厚度不大于 0.5mm，在试验条件下，长度变化不大于 1mm；

邵氏硬度计支架：带有平整、坚硬的平台。

2）检测方法和步骤

用 50%异丙醇-蒸馏水溶液或丙酮等溶剂清洗模框，用在标准条件下至少放置过 24h 的试样小心填满模框，勿混入空气。多组分试样在填充前应将各组分混合均匀。用刮刀刮平试样，使其厚度均匀。下部垫有光滑平整易于揭除密封胶的基板（聚乙烯薄膜条）。在标准试验条件下养护 28d，养护后揭下膜片。

将养护后的试样放在邵氏硬度计支架平台上，尽可能快速地将压足压到试样上或反之把试样压到压足上。应没有振动，保持压足和试样表面平行以使压针垂直于试样表面，最大速度为 3.2mm/s。3s 读数，测试 5 个点取中值（注意：不同测量位置两两相距至少 6mm）。

1.3.9　气泡

1）试验器具与材料

玻璃板：无色透明浮法玻璃，厚度不小于 5mm；

铝板：阳极氧化，厚度不小于 3mm。

2）检测方法和步骤

按照硅酮结构胶生产厂家的要求制作一个试件（图 1.3-10），将硅酮结构胶填满玻璃和铝材之间的空隙，应没有任何气泡，胶长度为 500mm。

试件在标准试验条件下放置 21d。其间每隔 7d 目测检查一次试件，透过玻璃记录胶体中气泡产生情况。

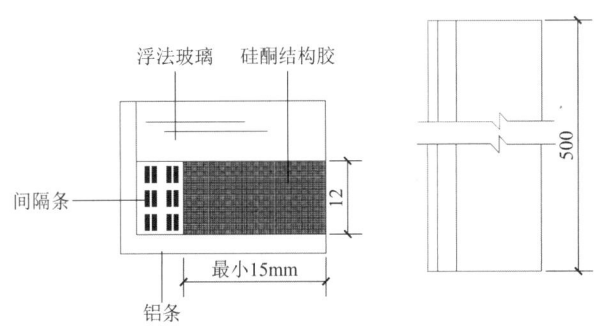

图 1.3-10　气泡试验示意图

1.3.10　拉伸粘结性

1）试验器具

电子式万能试验机：应符合《电子式万能试验机》GB/T 16491—2022 中 1 级拉力试验机要求，配有应力-应变曲线记录装置；

与电子式万能试验机配套使用的高低温环境试验箱：低温最低可调至−40℃，高温最高可调至 90℃，控温范围±2℃；

水-紫外线试验箱：能保持箱体内去离子水的电阻在 1～10MΩ 范围内，水温保持在(45 ± 1)℃，光源符合《塑料　实验室光源暴露试验方法　第 2 部分：氙弧灯》GB/T 16422.2—2022 规定的氙弧灯或同等光源；

高温试验箱：温度可调至(90 ± 2)℃；

游标卡尺：精度不低于 0.02mm；

盐雾试验箱：符合《人造气氛腐蚀试验　盐雾试验》GB/T 10125—2021 规定的中性盐雾（NSS）；

二氧化硫试验箱：应符合《金属和其他无机覆盖层　通常凝露条件下的二氧化硫腐蚀试验》GB/T 9789—2008 的规定。

2）检测方法和步骤

（1）23℃拉伸粘结性

取一组（5 个试件为一组，下同）按 1.3.3 节制备的试件，置于(23 ± 2)℃标准试验条件下进行试验。将试件安装于试验机的夹具上进行拉伸试验，试验速度为(5.5 ± 0.5)mm/min，记录应力-应变曲线；并记录每个试件位移量为 5%、10%、15%、20%、25%以及最大拉力时的拉伸粘结强度。按公式(1.3-2)计算 23℃拉伸粘结强度r、按公式(1.3-3)计算拉伸粘结强度标准值 $R_{u,5}$、断裂伸长率E和按公式(1.3-7)计算割线刚度 $K_{12.5}$。以 $R_{u,5}$ 作为 23℃拉伸粘结强度标准值。

$$K_{12.5} = K_0 \times \frac{0.112}{0.125} \tag{1.3-7}$$

$$K_0 = \sum_{i=1}^{m} \sum_{j=1}^{n} \frac{K_{ij}}{m \times n}$$

$$K_{ij} = \frac{3 \times \sigma_{ij}}{\alpha_{ij} - 1/\alpha_{ij}^2}$$

$$\alpha_{ij} = \frac{e_i + u_{ij}}{e_i}$$

式中：$K_{12.5}$——应变为 12.5%时的割线刚度，精确至 0.01；

$\quad\quad K_0$——初始切线刚度；

$\quad\quad m$——每个试件的观察点数；

$\quad\quad n$——针对不同试验温度的每项试验项目的试件数量（个）；

$\quad\quad u_{ij}$——试件拉伸时的位移量 $e_i + u_{ij} = L$（mm）；

$\quad\quad L$——试件加载后的长度（mm）；

$\quad\quad e_i$——试件的初始厚度（mm）；

$\quad\quad \sigma_{ij}$——对应不同位移量 u_{ij} 时的拉伸应力（MPa）。

粘结破坏面积测量和计算采用透过印制有 1mm × 1mm 网格线的透明薄片，测量每个拉伸试件两粘结面上粘结破坏面积较大面占有的网格数，精确到 1 格（不足 1 格不计），粘结破坏面积以粘结破坏格数占总格数的百分比表示，试验结果取试件数量的算术平均值，精确至 1%。记录试件破坏形式（粘结破坏和/或内聚破坏），见图 1.3-11。

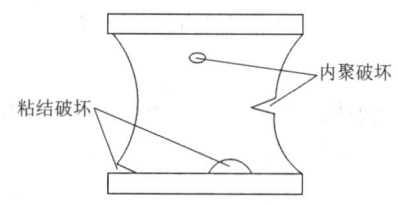

图 1.3-11　破坏形式示意图

（2）80℃拉伸粘结性

取一组按 1.3.3 节制备的试件，置于(80 ± 2)℃条件下放置(24 ± 4)h 后并在该温度下进行试验。将试件安装于试验机的夹具上进行拉伸试验，试验速度为(5.5 ± 0.5)mm/min，记录应力-应变曲线。按公式(1.3-4)计算拉伸粘结强度保持率，粘结破坏面积测量和计算见 23℃拉伸粘结性试验步骤。

（3）-20℃拉伸粘结性

取一组按 1.3.3 制备的试件，置于(-20 ± 2)℃条件下放置(24 ± 4)h 后并在该温度下进行试验。将试件安装于试验机的夹具上进行拉伸试验，试验速度为(5.5 ± 0.5)mm/min，记录应力-应变曲线。按公式(1.3-4)计算拉伸粘结强度保持率，粘结破坏面积测量和计算见

23℃拉伸粘结性试验步骤。

（4）NaCl 盐雾处理后的拉伸粘结性

取一组按 1.3.3 节制备的试件，置于盐雾试验箱（中性盐雾试验液：(25 ± 2)℃下配制 pH 值 6.0～7.0 的溶液，详见 GB/T 10125—2021）气体环境保持 480h，取出试件，在标准试验条件下放置(24 ± 4)h。然后将试件安装于试验机的夹具上进行拉伸试验，试验速度为 (5.5 ± 0.5)mm/min，记录应力-应变曲线。按公式(1.3-4)计算拉伸粘结强度保持率，粘结破坏面积测量和计算见 23℃拉伸粘结性试验步骤。

（5）SO_2 酸雾处理后的拉伸粘结性

取一组按 1.3.3 节制备的试件，置于 SO_2 试验箱中（按 GB/T 9789—2008 试验）。以 SO_2 试验箱处理 8h，标准试验条件下放置 16h 为 1 个循环，共进行 20 个循环后，从试验箱中取出试件在标准试验条件下放置(24 ± 4)h，将试件安装于试验机的夹具上进行拉伸试验，试验速度为(5.5 ± 0.5)mm/min，记录应力-应变曲线。按公式(1.3-4)计算拉伸粘结强度保持率，粘结破坏面积测量和计算见 23℃拉伸粘结性试验步骤。

（6）清洁剂处理后的拉伸粘结性

取一组按 1.3.3 节制备的试件，浸入装有清洁剂（清洁剂应采用符合《手洗餐具用洗涤剂》GB/T 9985—2022 的洗涤剂溶液，种类和浓度可由生产商指定或按实际清洁时使用的产品）的容器中，将容器放入(45 ± 2)℃的高温试验箱内，放置 21d 后取出试件，用去离子水或蒸馏水冲洗干净。在标准试验条件下放置(24 ± 4)h 后，将试件安装于试验机的夹具上进行拉伸试验，试验速度为(5.5 ± 0.5)mm/min，记录应力-应变曲线。按公式(1.3-4)计算拉伸粘结强度保持率，粘结破坏面积测量和计算见 23℃拉伸粘结性试验步骤。

（7）水-紫外线光照后的拉伸粘结性、水-紫外线光照后刚度比 $K_{c,12.5}/K_{12.5}$

取一组按 1.3.3 节制备的试件，放入水-紫外线试验箱中，玻璃基材上表面应与水面平齐，朝向光源，试件上表面处的辐照强度为(60 ± 5)W/m^2（300～400nm），辐照(1008 ± 4)h，取出试件，在标准试验条件下放置(24 ± 4)h 后，将试件安装于试验机的夹具上进行拉伸试验，试验速度为(5.5 ± 0.5)mm/min，记录应力-应变曲线。按公式(1.3-4)计算拉伸粘结强度保持率，粘结破坏面积测量和计算见 23℃拉伸粘结性试验步骤。

水-紫外线光照后应变为 12.5%时的割线刚度按公式(1.3-8)计算，精确至 0.01。然后，计算得出水-紫外线光照后割线刚度 $K_{c,12.5}$ 与 23℃拉伸粘结性 $K_{12.5}$ 之间的比值。

$$K_{sec} = K_0 \times \frac{u_c/L_0}{u/L_0} \tag{1.3-8}$$

式中：K_{sec}——割线刚度；

　　　K_0——初始切线刚度；

　　　u_c/L_0——线性回归后的应变值；

　　　u/L_0——应变值，与 u_c/L_0 的转换关系见表 1.3-4。

应变值 u/L_0 与线性回归后的应变值 u_c/L_0 的转换关系　　　　　　表 1.3-4

u/L_0	u_c/L_0	u/L_0	u_c/L_0
0	0	0.10	0.091
0.05	0.048	0.15	0.112

u/L_0	u_c/L_0	u/L_0	u_c/L_0
0.20	0.131	0.65	0.428
0.25	0.169	0.70	0.451
0.30	0.203	0.75	0.474
0.35	0.267	0.80	0.497
0.40	0.297	0.85	0.519
0.45	0.325	0.90	0.541
0.50	0.352	0.95	0.562
0.55	0.378	1.00	0.583
0.60	0.403		

1.3.11 剪切性能

1）试验器具

电子式万能试验机：应符合 GB/T 16491—2022 中 1 级拉力试验机要求，配有应力-应变曲线记录装置。

与电子式万能试验机配套使用的高低温环境试验箱：低温最低可调至 −40℃，高温最高可调至 90℃，控温范围 ±2℃。

游标卡尺：精度不低于 0.02mm。

2）检测方法和步骤

（1）23℃剪切强度标准值 $R_{u,5}$、剪切模量

取一组按 1.3.3 节制备的试件，置于(23 ± 2)℃标准试验条件下进行试验。将试件安装于试验机的夹具上按照图 1.3-12 进行剪切拉伸试验，试验速度为(5.5 ± 0.5)mm/min，记录应力-应变曲线；并记录每个试件位移量为 5%、10%、15%、20%、25%以及最大剪切力时的剪切强度。按公式(1.3-2)计算 23℃剪切强度 r、按公式(1.3-3)计算剪切强度标准值 $R_{u,5}$。以 $R_{u,5}$ 作为 23℃剪切强度标准值。

粘结破坏面积测量和计算采用透过印制有 1mm × 1mm 网格线的透明薄片，测量每个拉伸试件两粘结面上粘结破坏面积较大面占有的网格数，精确到 1 格（不足 1 格不计），粘结破坏面积以粘结破坏格数占总格数的百分比表示，试验结果取试件数量的算术平均值，精确至 1%。记录试件破坏形式（粘结破坏和/或内聚破坏），见图 1.3-11。

（2）80℃剪切强度

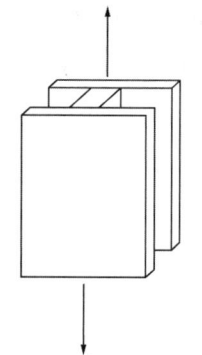

图 1.3-12 剪切试验示意图

取一组按 1.3.3 节制备的试件，置于(80 ± 2)℃条件下放置(24 ± 4)h 后并在该温度下进行试验。将试件安装于试验机的夹具上进行剪切拉伸试验，试验速度为(5.5 ± 0.5)mm/min，记录应力-应变曲线。按公式(1.3-4)计算剪切强度保持率，粘结破坏面积测量和计算见 23℃剪切强度标准值 $R_{u,5}$ 试验步骤。

（3）−20℃剪切强度

取一组按 1.3.3 节制备的试件，置于(−20 ± 2)℃条件下放置(24 ± 4)h 后并在该温度下进行试验。将试件安装于试验机的夹具上进行剪切拉伸试验，试验速度为(5.5 ± 0.5)mm/min，记录应力-应变曲线。按公式(1.3-4)计算剪切强度保持率，粘结破坏面积测量和计算见 23℃剪切强度标准值 $R_{u,5}$ 试验步骤。

1.3.12　抗撕裂性能

1）试验器具

电子式万能试验机：应符合 GB/T 16491—2022 中 1 级拉力试验机要求，配有应力-应变曲线记录装置。

游标卡尺：精度不低于 0.02mm。

2）检测方法和步骤

取一组按 1.3.3 节制备的试件，在试件结构胶的两端按图 1.3-13 进行切口，两端各切开 5mm 深，保证切口光滑、平整。将试件安装于试验机的夹具上进行拉伸试验，试验速度为(5.5 ± 0.5)mm/min，记录应力-应变曲线。按公式(1.3-4)计算拉伸粘结强度保持率，粘结破坏面积测量和计算见 1.3.10 节 23℃拉伸粘结性试验步骤。试验温度为(23 ± 2)℃标准试验条件，计算拉伸粘结强度、粘结破坏面积时按试件切割后的截面积计。

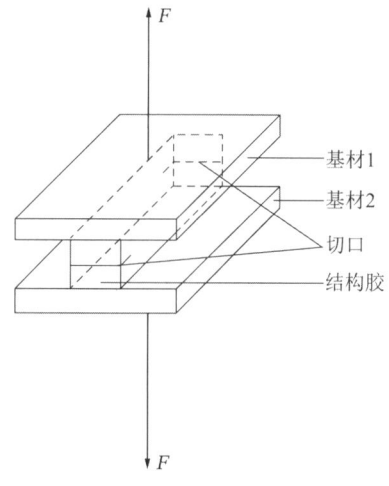

图 1.3-13　抗撕裂性能试件

1.3.13　疲劳循环试验

1）试验器具

疲劳试验机：应符合检测方法和步骤循环拉伸往复试验并配有记录装置。

游标卡尺：精度不低于 0.02mm。

2）检测方法和步骤

取一组按 1.3.3 节制备的试件，按照以下顺序要求以 8s 一个周期进行往复循环试验（图 1.3-14）；首先从$(0.1 \sim 1.0)\delta_{des}$，进行 100 次循环；然后从$(0.1 \sim 0.8)\delta_{des}$，进行 250 次循环；再从$(0.1 \sim 0.6)\delta_{des}$，进行 5000 次循环。$\delta_{des}$ 按公式(1.3-9)计算。

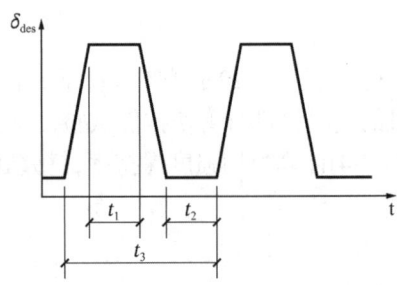

t_1——峰值应力持续时间 $\geqslant 2s$；t_2——卸载停顿时间 $\geqslant 2s$；t_3——一次循环的总时长 $\leqslant 8s$

图 1.3-14　疲劳循环试验试件

$$\tau = \frac{F}{b_1 \times L_1} \tag{1.3-9}$$

式中：τ——剪切强度（MPa）；

$\quad$ F——剪力（N）；

$\quad$ b_1——结构胶宽度（mm）；

$\quad$ L_1——结构胶长度（mm）。

试件按上述条件处理后，在标准试验条件下放置(24 ± 4)h 后将试件安装于试验机的夹具上进行拉伸试验，试验速度为(5.5 ± 0.5)mm/min，记录应力-应变曲线。按式(1.3-4)计算拉伸粘结强度保持率，粘结破坏面积测量和计算见 1.3.10 节，23℃时的拉伸粘结性试验步骤。

1.3.14　质量变化-热失重

在金属环中填充被测密封材料组成试件，经室温和升温处理后测试并记录处理前后试件质量的差别。

1）试验器具

耐腐蚀的金属环：尺寸为内径(30 ± 1.0)mm，高(10 ± 0.1)mm。每个环上设有吊钩，以便称量时用不吸水的丝线悬挂，金属环形状及尺寸如图 1.3-7（a）所示。

防粘材料：成型试件用，如潮湿的纸。

养护箱：能控制温度(23 ± 2)℃，相对湿度(50 ± 5)%。

鼓风式干燥箱：温度能控制在(70 ± 2)℃，空气流速(30 ± 5)次/h。

天平：精度 0.01g。

2）检测方法和步骤

用天平称量每个金属环质量m_1。把金属环放在防粘材料上，然后将在标准试验条件下放置 24h 以上的密封胶试样填满金属环。嵌填试样时应注意下列事项：

（1）避免形成气泡。

（2）将密封胶在金属环的内表面上压实，确保充分接触。

（3）修整密封胶表面，使之与金属环的上缘齐平。

（4）立即从防粘材料上移走金属环试件，以使密封胶的背面齐平。

从防粘材料上立即移去试件并称量m_2。将已称量的试件悬挂并在下述条件下养护：

（1）在养护箱内于(23 ± 2)℃和相对湿度(50 ± 5)%条件下放置 28d。

（2）在(70 ± 2)℃干燥箱中放置 7d。

（3）在(23 ± 2)℃和相对湿度(50 ± 5)%条件下放置 1d。

然后立即称量试件 m_3。每组试验准备三个金属环试件。

每个试件的质量变化率 Δm 应按公式(1.3-10)计算：

$$\Delta m = \frac{m_2 - m_3}{m_2 - m_1} \times 100\% \tag{1.3-10}$$

式中：m_1——填充密封材料前金属环在空气中称量的质量（g）；

　　　m_2——试件制备后立即在空气中称量的质量（g）；

　　　m_3——试件处理后立即在空气中称量的质量（g）。

试验结果以三个试件质量变化率的算术平均值表示，精确到 0.1%。

1.3.15　弹性恢复率

1）试验器具

电子式万能试验机：应符合 GB/T 16491—2022 中 1 级拉力试验机要求，配有应力-应变曲线记录装置。

游标卡尺：精度不低于 0.02mm。

定位垫块：用于控制被拉伸的试件宽度，能使试件保持伸长率为初始宽度的 25%（15mm）。

2）检测方法和步骤

取 3 个按 1.3.3 节制备的试件，测量初始宽度，以 W_i 表示。置于(23 ± 2)℃标准试验条件下进行试验。将试件安装于试验机的夹具上以(5.5 ± 0.5)mm/min 的速度进行拉伸，拉伸伸长率为初始宽度的 25%，以 W_e 表示伸长后的宽度。用 25% 的定位垫块使试件保持 24h。

在试验过程中观察试件有无粘结损坏或内聚损坏情况，采用可读至 0.5mm 的合适量具测量在任一部位观察到的粘结损坏和/或内聚损坏的深度，报告两者中的最大观测值。若无破坏，去掉垫块。将试件以长轴向垂直放置在平滑的低摩擦表面上，如撒有滑石粉的玻璃板，静置 1h，在每一试件两端同一位置测量恢复后的宽度 W_r。若有试件破坏，则取备用试件重复试验。若 3 块重复试验试件中仍有试件破坏，则报告本部分的试验结果为试件破坏。

分别计算在每个试件两端测得的 W_i、W_e 和 W_r 的算术平均值。

每个试件的弹性恢复率 R 按公式(1.3-11)计算，以百分数表示：

$$R = \frac{(W_e - W_r)}{(W_e - W_i)} \times 100\% \tag{1.3-11}$$

式中：R——弹性恢复率（%）；

　　　W_i——试件初始宽度（mm）；

　　　W_e——试件拉伸后宽度（mm）；

　　　W_r——试件恢复后宽度（mm）。

计算三个试件弹性恢复率的算术平均值，精确到 1%。

1.3.16　弹性模量

1）试验器具

电子式万能试验机：应符合 GB/T 16491—2022 中 1 级拉力试验机要求，配有应力-应变曲线记录装置。

游标卡尺：精度不低于 0.02mm。

压片机：用于裁取。

试件裁刀：符合《硫化橡胶或热塑性橡胶 拉伸应力应变性能的测定》GB/T 528—2009 要求的 1 型哑铃试件用裁刀。

2）检测方法和步骤

用合适的模框制膜，模框高度应保证最终胶膜厚度达到(2.2 ± 0.2)mm；模框不得翘曲且表面平滑，为便于脱模，将模框置于防粘材料上，然后将在标准试验条件下放置 24h 以上的密封胶试样填满模框，用刮刀刮平试样，使之厚度均匀。将胶膜在标准试验条件下养护 28d（多组分 14d），在不损坏胶膜的情况下尽早脱模；若结构胶为多组分产品，则多组分结构胶各组分应均匀无层，如有分层应搅拌均匀后再按生产商规定的配比充分混合真空搅拌（真空度 ≥ 0.09MPa），混合时间约为 5min。无特殊要求，混合后样品应即刻注入模框。用刮刀刮平试样，使之厚度均匀。

将养护后的试件用符合 GB/T 528—2009 要求的 1 型哑铃试件用裁刀裁取 5 个试件。置于(23 ± 2)℃标准试验条件下进行试验。将裁取的试件安装于试验机的夹具上以(5.5 ± 0.5)mm/min 的速度进行拉伸。记录应变值ε为 5%、10%、15%、20%、25%时的拉伸应力δ，绘制应力-曲线。

对应力-应变曲线进行线性回归后读取斜率，即为弹性模量。或根据两个规定的应变值按公式(1.3-12)计算弹性模量E_0，取 5 个试件的算术平均值。

$$E_0 = \frac{\sigma_2 - \sigma_1}{\varepsilon_2 - \varepsilon_1} \qquad (1.3\text{-}12)$$

式中：E_0——弹性模量（MPa）；

$\quad\varepsilon_1$——5%的应变值；

$\quad\varepsilon_2$——25%的应变值；

$\quad\sigma_1$——应变值 ε_1 时测量的应力（MPa）；

$\quad\sigma_2$——应变值 ε_2 时测量的应力（MPa）。

1.3.17　紫外线老化处理后拉伸性能保持率

1）试验器具

电子式万能试验机：应符合 GB/T 16491—2022 中 1 级拉力试验机要求，配有应力-应变曲线记录装置。

紫外线试验箱：辐照强度(50 ± 5)W/m²（300～400nm），光源符合 GB/T 16422.2—2022 规定的氙弧灯或同等光源。

游标卡尺：精度不低于 0.02mm。

2）检测方法和步骤

取一组按 1.3.3 节制备的试件，放入紫外线试验箱中，试件上表面的辐照强度在波长范围 300～400nm 处应为(50 ± 5)W/m²（采用窗玻璃滤光器），试验时间为(504 ± 4)h。经光照射后的试件在标准试验条件下养护 2h，后将试件安装于试验机的夹具上进行拉伸试验，试验速度为(5.5 ± 0.5)mm/min，测定拉伸强度和断裂伸长率。试验结果取 5 个试件的算术平均值，与另一组未进行紫外线处理的试件的拉伸强度和断裂伸长率试验结果进行比较，计算保持率。

1.3.18 蠕变性能

1）试验器具

蠕变试验机：带有恒温恒湿功能的试验箱，能满足温度(23 ± 2)℃，相对湿度(50 ± 5)%的环境条件；能长期对试件同时施加规定的剪切和拉伸荷载，配有位移记录装置，可读取试件的变形量。

蠕变试验用基板：用于承载拉伸剪切荷载并将试件固定在试件架上的基板，如钢板，尺寸略大于试件尺寸。

高强度胶粘剂：用于粘结基板和试件，使试件牢固粘结在基板上，固化后试件不松动、不变形。

试件架：用于固定蠕变试件。

位移计：测量试件在剪切方向上的变形量，精度不低于 0.001mm。

2）检测方法和步骤

用丙酮或 50%异丙醇-蒸馏水溶液清洗基材，擦净并干燥，按图 1.3-15 制备 3 个试件；如果生产商没有特殊要求，基材默认使用浮法玻璃。

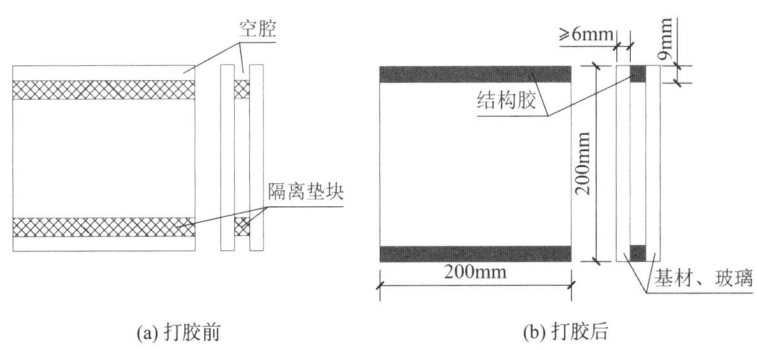

图 1.3-15 持久剪切力下蠕变性能试件

将制备好的试件在标准试验条件下进行养护，在不损坏试件前提下，尽早除去试件上的隔离垫块。试件养护周期为 28d，试件养护至 27d 时将试件用高强度胶粘剂粘到基板上，继续养护 1d 后将试件安装到蠕变试验箱中的试件架上。

三个试件的拉伸荷载 M_1 见图 1.3-16，按公式(1.3-13)计算：

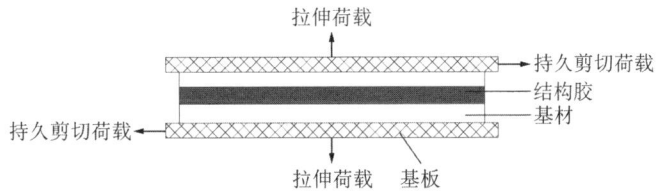

图 1.3-16 持久剪切力下蠕变性能试件

$$M_1 = 2b_2 L_2 P_t \tag{1.3-13}$$

式中：M_1——拉伸荷载（N），精确至 1N；

b_2——结构胶试件宽度，9mm；

L_2——结构胶试件长度，200mm；

P_t——拉伸粘结强度，取值 $0.3\sigma_{des}$。

试件在承受拉伸荷载M_1的同时，还需承受持久剪切荷载M_2（图 1.3-16），M_2可由生产商提供的Γ_∞并按公式(1.3-14)计算；设定最小蠕变系数为 10。

$$M_2 = 2b_2L_2\Gamma_\infty \tag{1.3-14}$$

式中：M_2——持久剪切荷载（N），精确至 1N；

b_2——结构胶试件宽度，9mm；

L_2——结构胶试件长度，200mm；

Γ_∞——持久荷载下剪切力（MPa），由生产商给出。

可通过评定持久剪切和循环拉伸荷载作用下的蠕变情况，来确定蠕变系数 Y_c，按公式(1.3-15)计算：

$$Y_c = \frac{\Gamma_{des}}{\Gamma_\infty} \tag{1.3-15}$$

式中：Y_c——蠕变系数；

Γ_{des}——剪切应力设计值（MPa），按强度标准式(1.3-3)给出，或由生产商给出，$\Gamma_{des} = \Gamma_{u,5}/6$。

将位移计固定在试件上，打开记录装置，分别记录每个试件的初始位移。按公式(1.3-13)和公式(1.3-14)计算拉伸荷载M_1和持久剪切荷载M_2，并通过砝码或拉伸力加载至试件的拉伸和剪切方向。

将蠕变试验箱环境条件调至(23 ± 2)℃，相对湿度(50 ± 5)%进行试验。分别记录每个试件加载 1d、3d、7d 及之后每 7d 的位移，减去初始位移即为蠕变位移量，试验周期 91d。加载 91d 后，卸载拉伸和持久剪切方向上的荷载，分别记录每个试件卸载 24h 后的位移。

1.3.19 热重分析

在规定控温条件下持续加热并连续称量被测样品，记录样品在规定时间内和规定温度范围内的质量变化曲线，对比被测样品与空白试验的热重曲线，经计算，定量判定被测样品中烷烃增塑剂的含量。

1）试验器具

热重分析仪（TGA）：温度调节范围为室温至 1100℃，精度 ±0.15℃，升温速率可调范围为 0.1～250℃/min，内置天平灵敏度不小于 0.001mg，有完整的热分析系统，能在较短的时间内测出热重曲线。

天平：精度 0.01g。

氮气：纯度不小于 99.999%。

模框：厚度为 1mm 的不锈钢板，外形尺寸为 80mm × 80mm，内框尺寸为 40mm × 40mm。

2）检测方法和步骤

将模框置于防粘材料上，然后将在标准试验条件下放置 24h 以上的密封胶试样填满模框，用刮刀刮平试样，使之厚度均匀。将胶膜在标准试验条件下养护 7d（多组分 2d），在不损坏胶膜的情况下尽早脱模；若结构胶为多组分产品，则多组分结构胶各组分应均匀无层，如有分层应搅拌均匀后再按生产商规定的配比充分混合真空搅拌（真空度≥0.09MPa），混合时间约为 5min。无特殊要求，混合后样品应即刻注入模框。用刮刀刮平试样，使之厚度均匀。

将已固化的密封胶去除表面部分后切碎，称取约 10mg（精确至 0.1mg）样品放入坩埚内，打开仪器护体，将装有样品的坩埚内放入热重分析仪的样品托盘上。在氮气氛条件下加热，以 10℃/min 升温速率加热至 900℃，升温至终点后，用冷却系统自动降温。报告谱图。

1.3.20　烷烃增塑剂（红外光谱分析）

在特定波数范围内，将波长连续变化的红外光照射在经过处理的被测样品上，使样品选择性吸收与其分子固有振动能级相对应的特定波长红外线，得到与样品分子基团结构对应的特定光谱，从而定性鉴定被测样品中烷烃增塑剂的官能团。

1）试验器具

傅里叶变换红外光谱仪：波数范围为 4000～400cm⁻¹，光谱分辨率不低于 4cm⁻¹，扫描次数可调至 15 次。

天平：精度 0.01g。

丙酮：分析纯。

模框：厚度为 10mm 的不锈钢板，内框尺寸为 200mm×20mm×10mm。

2）检测方法和步骤

将模框置于防粘材料上，然后将在标准试验条件下放置 24h 以上的密封胶试样填满模框，用刮刀刮平试样，使之厚度均匀。将胶膜在标准试验条件下养护 7d（多组分 2d），在不损坏胶膜的情况下尽早脱模；若结构胶为多组分产品，则多组分结构胶各组分应均匀无层，如有分层应搅拌均匀后再按生产商规定的配比充分混合真空搅拌（真空度≥0.09MPa），混合时间约为 5min。无特殊要求，混合后样品应即刻注入模框。用刮刀刮平试样，使之厚度均匀。每组密封胶制备 1 个样品。

将养护好的密封胶胶样剪碎，称取约 10g 剪碎试样，放入 50mL 具塞锥形瓶内，用 20mL 丙酮浸泡 7d。

打开傅里叶变换红外光谱仪，进行背景扫描，扣除空气中的水与二氧化碳的影响。

滴 1 滴浸泡液试样涂抹在品片上，待溶剂挥发后，按《红外光谱分析方法通则》GB/T 6040—2019 中 5.2.2 条的规定进行红外分析检测，宜采用透过法。每个样品进行 1 次测试，报告测试的红外光谱的谱图。

3）结果分析

烷烃增塑剂的定性结果分析按 GB/T 6040—2019 第 7 章的规定进行。如果在红外光谱图的波数范围 715～725cm⁻¹、1375～1385cm⁻¹、1450～1470cm⁻¹、2850～2860cm⁻¹、2920～2930cm⁻¹、2955～2965cm⁻¹ 中出现至少 4 个吸收峰，则可判定样品中含有烷烃增塑剂（如白油、液体石蜡）。

用于测试硅酮结构密封胶中烷烃增塑剂的红外光谱分析试验方法的检出限为 2%。烷烃增塑剂的典型红外吸收光谱图参见图 1.3-17。

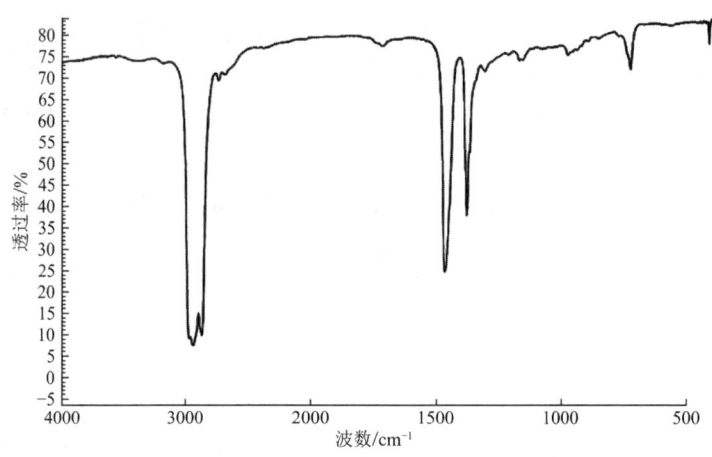

图 1.3-17　烷烃类矿物油的红外吸收光谱图

1.3.21　理化性能

理化性能指标可以参考表 1.3-5 所引用的标准来判定是否合格。

理化性能指标　　　　　　　　　　　　　　　　表 1.3-5

序号	项目			要求
1	一致性评价	热重分析		报告
		红外光谱分析		报告
2	密度/（g/cm³）			规定值 ± 0.05
3	下垂度	垂直/mm		≤ 3
		水平		无变形
4	表干时间/h			≤ 3
5	挤出性 [a]/s			≤ 10
6	适用期 [b]（20min 时）/s			≤ 10
7	硬度（Shore A）			20～60
8	气泡			无可见气泡
9	拉伸粘结性能	23℃拉伸粘结强度标准值 $R_{u,5}$/MPa		≥ 0.50
		拉伸模量/MPa		报告 23℃拉伸粘结性在伸长率为 5%，10%，15%，20%和25%时的强度
		割线刚度$K_{12.5}$		报告
		伸长率10%时的拉伸模量 [c]/MPa		≥ 0.15
		拉伸粘结强度保持率/%	80℃	≥ 75
			−20℃[d]	≥ 75
			NaCl 盐雾	≥ 75
			SO_2 酸雾	≥ 75
			清洗剂	≥ 75
			水-紫外线光照	≥ 75

续表

序号	项目			要求
9	拉伸粘结性能	水-紫外线光照后刚度比 $K_{c,12.5}/K_{12.5}$		$0.5 \leqslant K_{c,12.5}/K_{12.5} \leqslant 1.10$
		粘结破坏面积（所有拉伸粘结性项目）/%		$\leqslant 10$
10	剪切强度保持率/%	23℃剪切强度标准值 $R_{u,5}$ /MPa		$\geqslant 0.50$
		剪切模量/MPa		报告 23℃拉伸粘结性在伸长率为 5%，10%，15%，20% 和 25% 时的强度
		80℃	无支撑装置	$\geqslant 75$
			有支撑装置	$\geqslant 65$
		−20℃		$\geqslant 75$
11	抗撕裂性能 e	拉伸强度保持率/%	有嵌入结构密封组件	$\geqslant 75$
			无嵌入结构密封组件	$\geqslant 50$
12	疲劳循环	拉伸粘结强度保持率/%		$\geqslant 75$
		粘结破坏面积/%		$\leqslant 10$
13	质量变化	热失重/%		$\leqslant 6.0$
14	烷烃增塑剂			不得检出
15	弹性恢复率/%			$\geqslant 90$
16	弹性模量			报告
17	紫外线老化处理后拉伸性能保持率/%	拉伸强度保持率		$\geqslant 75$
		断裂伸长率保持率		
18	蠕变性能 f	91d 受力后位移/mm		$\leqslant 1$
		力卸载 24h 后最大位移/mm		$\leqslant 0.1$

a　仅适用于单组分产品；
b　仅适用于双组分产品；
c　仅适用于中空玻璃二道结构粘结用密封胶；
d　当密封胶使用的月平均温度低于−20℃时，应根据供需双方确定的更低温度进行试验；
e　不适用于专为全玻幕墙设计的透明硅酮结构密封胶；
f　仅适用于硅酮结构密封胶承受所有粘结密封单元的应力，在粘结密封单元底部没有设置防止粘结失效产生危险用支撑装置的幕墙系统。

1.4　耐候密封胶

1.4.1　相容性

　　耐候密封系统用附件（如：密封条、泡沫条、衬垫条、固定块等）同密封胶相容性试验方法及结果的判定，主要适用于建筑幕墙耐候密封系统的选材。试验后粘结性和颜色是否改变是确定材料相容性的关键，实践表明试验中那些会使粘结性丧失和褪色的附件，在实际使用中也同样会发生。本试验通过观测密封胶的变色情况、密封胶对玻璃的粘结性、密封胶对附件的粘结性的情况来判定结构装配系统用附件与密封胶是否相容。

　　检测方法见结构密封胶 1.3.1 节相容性检测。

1.4.2 剥离粘结性

本部分适用于测定弹性建筑密封胶的剥离粘结破坏状况。

检测方法见结构密封胶 1.3.2 节剥离粘结性检测。

1.4.3 外观

从包装中挤出试样，刮平后目测密封胶是否细腻、是否均匀膏状物，有无气泡、结皮或凝胶。

1.4.4 密度检测

检测方法见结构密封胶 1.3.4 节密度检测。

1.4.5 下垂度检测

检测方法见结构密封胶 1.3.5 节下垂度检测。

1.4.6 流动性检测

在规定条件下，将自流平型密封材料注入规定尺寸的模具中，以水平位置保持规定时间，报告试样表面流平情况。

1）试验器具与材料

流平性模具：两端封闭的槽形模具，用 1mm 厚耐蚀金属制成（图 1.4-1）。槽的内部尺寸为 150mm × 20mm × 10mm；

低温恒温箱：温度能控制在(5 ± 2)℃；

钢板尺：单位为 0.5mm；

聚乙烯薄膜条：厚度不大于 0.5mm，在试验条件下，长度变化不大于 1mm。

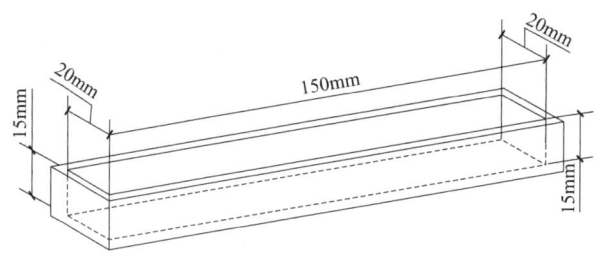

图 1.4-1 流平性模具

2）检测方法和步骤

将模具用丙酮或 50%异丙醇-蒸馏水溶液擦净并干燥，然后把模具和密封胶放在标准试验条件下 24h 以上。

将试样和模具在(5 ± 2)℃的低温箱中处理 16～24h，然后沿水平放置的模具的一端到另一端注入约 100g 试样，在此温度下放置 4h。观察试样表面是否光滑平整。多组分试样在低温处理后取出，按规定配比将各组分混合 5min，然后放入低温箱内静置 30min，再按上述方法试验。

1.4.7 表干时间的测定

检测方法见结构密封胶 1.3.6 节表干时间的测定。

1.4.8 挤出性

在规定条件下采用压缩空气从原包装中挤出密封材料。称量挤出密封材料的质量。以单位时间内密封材料的挤出质量（质量挤出率）或挤出体积（体积挤出率）报告挤出性。

1）试验器具与材料

恒温试验箱：温度可调至 $(5 \pm 2)℃$、$(23 \pm 2)℃$、$(35 \pm 2)℃$。

气动挤枪：压力可达到 700kPa。

稳压气源：带有调节阀和压力表，压力可保持在 (340 ± 10)kPa，与气动挤枪适当连接；

塑料喷嘴：喷嘴应连同原包装一起使用，其尺寸和种类应由各方商定。塑料喷嘴应被切割成内径 3～6mm，内径允许公差为±5%。

秒表。

2）检测方法和步骤

挤出试验在室温下进行，以下所有操作应在 5min 内完成。

从恒温箱中取出原包装样品，除去在试验期间所有可能阻碍试样挤出的组件（如螺栓、固定件，以及喷嘴与筒之间的内膜等）。在包装的顶端装上喷嘴（挤出孔直径按评判标准或者各方商定）。将原包装样品插入气动挤枪。将稳压气源的气压调至 (300 ± 10)kPa，或各方商定的压力。先从喷嘴挤出适量的试样（以便排出空气），然后从原包装中挤出试样，挤出时间为 30s（用秒表测量该时间）。

用天平称量挤出试样的质量（计时结束后从挤出孔内出来的试样数量不计，试验后原包装不应是空的）。如果是低黏度密封材料，挤出时间可以短些。对于高黏度密封材料，挤出时间可以长些。

质量挤出率的每次测试结果按式(1.4-1)计算，以每分钟挤出的密封材料质量表示，质量修约至整数，取 3 次算术平均值：

$$E_m = \frac{m \times 60}{t} \tag{1.4-1}$$

式中：E_m——密封材料的质量挤出率（g/min）；

m——挤出的试样质量（g）；

t——挤出时间（s）。

体积挤出率的每次测试结果按式(1.4-2)计算，以每分钟挤出的密封材料体积表示，体积修约至整数，取 3 次算术平均值：

$$E_v = \frac{E_m}{D} \tag{1.4-2}$$

式中：E_v——密封材料的体积挤出率（mL/min）；

D——密封材料在试验温度下的密度（g/cm^3）。

1.4.9 粘结性试件的制备

制备试件前，用于试验的耐候胶应在标准试验条件下放置 24h 以上。

粘结性试件应按图 1.4-2 组装。多组分耐候胶各组分应均匀无层，如有分层应搅拌均匀后再按生产商规定的配比充分混合真空搅拌（真空度 ≥ 0.09MPa），混合时间约为 5min。无特殊要求，混合后样品应在 10min 内完成注模和修整。按产品标识适用的基材类别来选用基材，基材应具有足够的强度防止弯曲变形破损。基材尺寸可以不同于图 1.4-2，但应保持硅酮耐候胶粘结体的尺寸为(12 ± 1)mm × (12 ± 1)mm × (50 ± 1)mm。

玻璃：符合 GB/T 13477.1—2002 要求，清洁、无镀膜的浮法玻璃，厚度不小于 5mm；

铝材：符合 GB/T 13477.1—2002 要求，阳极氧化铝板厚度不小于 3mm；

水泥砂浆基材：符合 GB/T 13477.1—2002 要求；

供方要求的其他金属基材或石板基材。

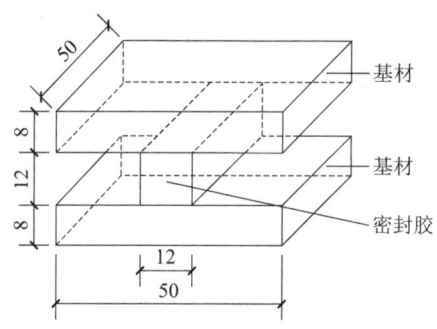

图 1.4-2　粘结性试件的示意图

试件应按下列方式制备：

（1）试验基材应进行有效清洁。可按生产商指定的清洁剂及清洁方式清洁，也可采用以下方式清洁：

①将试验基材放入无水丙酮（分析纯）中浸泡至少 2h；

②用脱脂纱布蘸取新鲜、洁净的无水丙酮（分析纯）将基材表面擦拭 2 遍；

③用脱脂纱布蘸取新鲜的 50%异丙醇-蒸馏水溶液将基材表面擦拭 2 遍。

（2）按密封材料生产商的说明（如是否使用底涂料及多组分密封材料的混合程序）制备试件；双组分硅酮耐候胶应均匀无分层，且应按生产商要求的比例充分混合，真空搅拌（真空度 > 0.095MPa），混合时间约为 5min。无特殊要求时，混合后应在 10min 内完成注模和修整。

（3）将洁净的两块粘结基材与两块隔离垫块组装成空腔，在空腔内注入胶样制成试件。嵌填试样时应注意下列事项：

①避免形成气泡；

②将试样挤压在基材的粘结面上，粘结密实；

③修整试样表面，使之与基材和垫块的上表面齐平。

（4）将试件侧放，尽早去除防粘材料，以使试样充分固化或完全干燥。将制备好的试件于标准试验条件下放置 28d（多组分 14d）。在养护期内，应使隔离垫块保持原位。当选择的基材尺寸可能影响试件的固化速度时，在不损坏耐候胶试件的条件下，宜尽早将隔离垫块与密封材料分离，但仍需保持定位状态。

1.4.10　拉伸模量

1）试验器具

电子式万能试验机：应符合 GB/T 16491—2022 中 1 级拉力试验机要求，配有应力-应变曲线记录装置。

与电子式万能试验机配套使用的高低温环境试验箱：低温最低可调至 −40℃，高温最高可调至 90℃，控温范围 ±2℃。

低温试验箱：温度可调至(−20 ± 2)℃。

游标卡尺：精度不低于 0.02mm。

2）检测方法和步骤

（1）23℃拉伸模量

取一组（3 个试件为一组，下同）1.4.9 节制备的试件，置于(23 ± 2)℃标准试验条件下进行试验。将试件安装于试验机的夹具上进行拉伸试验，试验速度为(5.5 ± 0.5)mm/min，记录应力-应变曲线。

（2）−20℃拉伸模量

取一组 1.4.9 节制备的试件，置于(−20 ± 2)℃条件下放置(24 ± 4)h 后并在该温度下进行试验。将试件安装于试验机的夹具上进行拉伸试验，试验速度为(5.5 ± 0.5)mm/min，记录应力-应变曲线。

每个试件选定（试验伸长率根据生产厂提供的密封胶级别表 1.4-1，按表 1.4-2 规定）的正割拉伸模量按式(1.4-3)进行计算，取 3 个算术平均值，精确到 0.01MPa：

$$\sigma = \frac{F}{S} \tag{1.4-3}$$

式中：σ——正割拉伸模量（MPa）；

F——选定伸长时的力值（N）；

S——试件初始截面积（mm^2）。

密封胶级别　　　　　　　　　　　　　　　　　　　表 1.4-1

级别	试验拉压幅度/%	位移能力/%
50	±50	50.0
35	±35	35.0
25	±25	25.0
20	±20	20.0

试验伸长率及拉压幅度　　　　　　　　　　　　　　表 1.4-2

序号	项目		级别								
			50LM	50HM	35LM	35HM	25LM	25HM	20LM	20HM	20LM-R
1	伸长率	弹性恢复率	100%	100%	100%	100%	100%	100%	60%	60%	—
2		拉伸模量	100%	100%	100%	100%	100%	100%	60%	60%	60%
3		定伸粘结性	100%	100%	100%	100%	100%	100%	60%	60%	60%

序号	项目		级别								
			50LM	50HM	35LM	35HM	25LM	25HM	20LM	20HM	20LM-R
4	伸长率	浸水后定伸粘结性	100%	100%	100%	100%	100%	100%	60%	60%	60%
5		紫外线辐照后粘结性	100%	100%	100%	100%	100%	100%	60%	60%	—
6		浸水光照后粘结性	100%	100%	100%	100%	100%	100%	60%	60%	—
7		定伸永久变形	—	—	—	—	—	—	—	—	30%
8	拉压幅度	冷拉-热压后粘结性	±50%	±50%	±35%	±35%	±25%	±25%	±20%	±20%	±20%

1.4.11 弹性恢复率

1）试验器具

电子式万能试验机：应符合 GB/T 16491—2022 中 1 级拉力试验机要求，配有应力-应变曲线记录装置。

游标卡尺：精度不低于 0.02mm。

定位垫块：用于控制被拉伸的试件宽度，能使试件保持伸长率为初始宽度的 25%（15mm）、60%（19.2mm）、100%（24mm）。

2）检测方法和步骤

取 3 个按 1.4.9 节制备的试件，测量初始宽度，以 W_i 表示。置于 (23 ± 2)℃标准试验条件下进行试验。将试件安装于试验机的夹具上以 (5.5 ± 0.5)mm/min 的速度进行拉伸，拉伸伸长率按表 1.4-2 规定，以 W_e 表示伸长后的宽度。用定位垫块使试件保持 24h。

在试验过程中观察试件有无粘结损坏或内聚损坏情况，采用可读至 0.5mm 的合适量具测量在任一部位观察到的粘结损坏和/或内聚损坏的深度，报告两者中的最大观测值。若无破坏，去掉垫块。将试件以长轴向垂直放置在平滑的低摩擦表面上，如撒有滑石粉的玻璃板，静置 1h，在每一试件两端同一位置测量恢复后的宽度 W_r。若有试件破坏，则取备用试件重复试验。若 3 块重复试验试件中仍有试件破坏，则报告本部分的试验结果为试件破坏。

分别计算在每个试件两端测得的 W_i、W_e 和 W_r 的算术平均值。

每个试件的弹性恢复率 R 按公式(1.4-4)计算，以百分数表示：

$$R = \frac{(W_e - W_r)}{(W_e - W_i)} \times 100\% \tag{1.4-4}$$

式中：R——弹性恢复率（%）；

W_i——试件初始宽度（mm）；

W_e——试件拉伸后宽度（mm）；

W_r——试件恢复后宽度（mm）。

计算 3 个试件弹性恢复率的算术平均值，精确到 1%。

1.4.12　定伸粘结性

1）试验器具

电子式万能试验机：应符合 GB/T 16491—2022 中 1 级拉力试验机要求，配有应力-应变曲线记录装置。

游标卡尺：精度不低于 0.02mm。

定位垫块：用于控制被拉伸的试件宽度，能使试件保持伸长率为初始宽度的 25%（15mm）、60%（19.2mm）、100%（24mm）。

2）检测方法和步骤

取 3 个按 1.4.9 节制备的试件，测量初始宽度，以 W_i 表示。置于(23 ± 2)℃标准试验条件下进行试验。将试件安装于试验机的夹具上以(5.5 ± 0.5)mm/min 的速度进行拉伸，拉伸伸长率按表 1.4-2 规定，用定位垫块使试件保持 24h。除去定位垫块，检查试件粘结或内聚破坏情况，并用分度值为 0.5mm 的量具测量粘结或内聚破坏的深度（mm）和区域。

粘结破坏面积测量和计算采用透过印制有 1mm × 1mm 网格线的透明薄片，测量每个拉伸试件两粘结面上粘结破坏面积较大面占有的网格数，精确到 1 格（不足 1 格不计），粘结破坏面积以粘结破坏格数占总格数的百分比表示，试验结果取试件数量的算术平均值，精确至 1%。记录试件破坏形式（粘结破坏和/或内聚破坏）。

1.4.13　浸水后定伸粘结性

1）试验器具

电子式万能试验机：应符合 GB/T 16491—2022 中 1 级拉力试验机要求，配有应力-应变曲线记录装置。

恒定水温试验箱：箱体内去离子水温度保持在(23 ± 2)℃。

游标卡尺：精度不低于 0.02mm。

定位垫块：用于控制被拉伸的试件宽度，能使试件保持伸长率为初始宽度的 25%（15mm）、60%（19.2mm）、100%（24mm）。

2）检测方法和步骤

取 3 个按 1.4.9 节制备的试件，置于(23 ± 2)℃恒定水温试验箱中浸泡 4d，然后将试件于标准试验条件下放置 24h。置于(23 ± 2)℃标准试验条件下进行试验。将试件安装于试验机的夹具上以(5.5 ± 0.5)mm/min 的速度进行拉伸，拉伸伸长率按表 1.4-2 规定，用定位垫块使试件保持 24h。除去定位垫块，检查试件粘结或内聚破坏情况，并用分度值为 0.5mm 的量具测量粘结或内聚破坏的深度（mm）和区域。

粘结破坏面积测量和计算见 1.4.12 节。

1.4.14　紫外线辐照后定伸粘结性

1）试验器具

电子式万能试验机：应符合 GB/T 16491—2022 中 1 级拉力试验机要求，配有应力-应变曲线记录装置。

紫外线试验箱：辐照强度(50 ± 5)W/m²（300～400nm），光源符合 GB/T 16422.2—2022 规定的氙弧灯或同等光源。

游标卡尺：精度不低于0.02mm。

2）检测方法和步骤

取3个按1.4.9节制备的试件，放入紫外线试验箱中，试件上表面的辐照强度在波长范围300～400nm处应为(50 ± 5)W/m²（采用窗玻璃滤光器），试验时间为(300 ± 4)h，光照期间试件表面温度为(40 ± 5)℃。经光照射后的试件置于(23 ± 2)℃标准试验条件下进行试验。将试件安装于试验机的夹具上以(5.5 ± 0.5)mm/min的速度进行拉伸，拉伸伸长率按表1.4-2规定，用定位垫块使试件保持24h。除去定位垫块，检查试件粘结或内聚破坏情况，并用分度值为0.5mm的量具测量粘结或内聚破坏的深度（mm）和区域。

粘结破坏面积测量和计算见1.4.12节。

1.4.15 水–紫外线辐照后定伸粘结性

1）试验器具

电子式万能试验机：应符合GB/T 16491—2022中1级拉力试验机要求，配有应力-应变曲线记录装置。

水-紫外线试验箱：能保持箱体内去离子水的电阻在1～10MΩ范围内，水温保持在(45 ± 1)℃，光源符合GB/T 16422.2—2022规定的氙弧灯或同等光源。

游标卡尺：精度不低于0.02mm。

2）检测方法和步骤

取3个按1.4.9节制备的试件，放入水-紫外线试验箱中，玻璃基材上表面应与水面平齐，朝向光源，试件上表面处的辐照强度为(60 ± 5)W/m²（300～400nm），辐照(300 ± 4)h，取出试件，置于(23 ± 2)℃标准试验条件下进行试验。将试件安装于试验机的夹具上以(5.5 ± 0.5)mm/min的速度进行拉伸，拉伸伸长率按表1.4-2规定，用定位垫块使试件保持24h。除去定位垫块，检查试件粘结或内聚破坏情况，并用分度值为0.5mm的量具测量粘结或内聚破坏的深度（mm）和区域。

粘结破坏面积测量和计算见1.4.12节。

1.4.16 冷拉–热压后定伸粘结性

1）试验器具

电子式万能试验机：应符合GB/T 16491—2022中1级拉力试验机要求，配有应力-应变曲线记录装置。

游标卡尺：精度不低于0.02mm。

鼓风干燥箱：温度可调至(70 ± 2)℃

低温试验箱：温度可调至(−20 ± 2)℃，并可容纳拉伸状态的试件。

拉伸定位垫块：能使试件保持伸长率为20%、25%、35%或50%的拉伸状态（定位垫块的宽度见表1.8）或各方商定的其他伸长率。

压缩定位垫块：能使试件保持压缩率为20%、25%、35%或50%的压缩状态（定位垫块的宽度见表1.8）或各方商定的其他压缩率。

2）检测方法和步骤

取3个按1.4.9节制备的试件，按要求的幅度进行下述拉伸压缩周期循环。

第一周：

第 1 天：将试件放入(−20 ± 2)°C的低温试验箱内，3h 后在试验机上拉伸试件至所要求的幅度，并在(−20 ± 2)°C下用拉伸定位垫块保持拉伸状态 21h。

第 2 天：解除拉伸，将试件放入(70 ± 2)°C的鼓风干燥箱内，3h 后在试验机上压缩试件至所要求的幅度，并在(70 ± 2)°C下用压缩定位垫块保持压缩状态 21h。

第 3 天：解除压缩，重复第 1 天步骤。第 4 天：同第 2 天的步骤。

第 5～7 天：解除压缩，将试件在标准试验条件下放置。

第二周：重复第一周的步骤。

试件经上述两周循环后，检查试件粘结或内聚破坏情况，并用分度值为 0.5mm 的量具测量粘结或内聚破坏的深度（mm）和区域。

粘结破坏面积测量和计算见 1.4.12 节。

1.4.17　定伸永久变形

1）试验器具

电子式万能试验机：应符合 GB/T 16491—2022 中 1 级拉力试验机要求，配有应力-应变曲线记录装置。

游标卡尺：精度不低于 0.02mm。

定位垫块：用于控制被拉伸的试件宽度，能使试件保持伸长率为初始宽度的 30%。

2）检测方法和步骤

取 3 个按 1.4.9 节制备的试件，测量两端的初始宽度，以 W_i 表示。置于(23 ± 2)°C标准试验条件下进行试验。将试件安装于试验机的夹具上以(5.5 ± 0.5)mm/min 的速度进行拉伸，拉伸伸长率为初始宽度的 30%，以 W_e 表示伸长后的宽度。用 30%的定位垫块使试件保持48h。

试件定伸结束后，在标准试验条件下放置 1h。然后去除定位垫块，将试件以长轴向垂直放置在平滑的低摩擦表面上，如撒有滑石粉的玻璃板，静置恢复 30min 后，在每一试件两端同一位置测量恢复后的宽度 W_r。分别计算在每个试件两端测得的 W_i、W_e 和 W_r 的算术平均值。

每个试件的永久变形 θ 按公式(1.4-5)计算，以百分数表示：

$$\theta = \frac{W_s - W_i}{W_e - W_i} \times 100\% \tag{1.4-5}$$

式中：θ——定伸永久变形（MPa）；

　　　W_s——试件恢复后的宽度（mm）；

　　　W_i——试件的初始宽度（mm）；

　　　W_e——试件拉伸后的宽度（mm）。

计算 3 个试件弹性恢复率的算术平均值，精确到 1%。

1.4.18　质量损失率

在金属环中填充被测密封材料组成试件，经室温和升温处理后测试并记录处理前后试件质量的差别。

1）试验器具

耐腐蚀的金属环：尺寸为内径(30 ± 1.0)mm，高(10 ± 0.1)mm。每个环上设有吊钩，以便称量时用不吸水的丝线悬挂，金属环形状及尺寸如图 1.3-7（a）所示。

防粘材料：成型试件用，如潮湿的纸。

养护箱：能控制温度(23 ± 2)℃，相对湿度(50 ± 5)%。

鼓风式干燥箱：温度能控制在(70 ± 2)℃，空气流速(30 ± 5)次/h。

天平：精度 0.01g。

2）检测方法和步骤

用天平称量每个金属环质量m_1。把金属环放在防粘材料上，然后将在标准试验条件下放置 24h 以上的密封胶试样填满金属环。嵌填试样时应注意下列事项：

（1）避免形成气泡；

（2）将密封胶在金属环的内表面上压实，确保充分接触；

（3）修整密封胶表面，使之与金属环的上缘齐平；

（4）立即从防粘材料上移走金属环试件，以使密封胶的背面齐平。

从防粘材料上立即移去试件并称量m_2。将已称量的试件悬挂并在下述条件养护：

（1）在养护箱内于(23 ± 2)℃和相对湿度(50 ± 5)%条件下放置 28d；

（2）在(70 ± 2)℃干燥箱中放置 7d；

（3）在(23 ± 2)℃和相对湿度(50 ± 5)%条件下放置 1d。

然后立即称量试件m_3。每组试验准备 3 个金属环试件。

每个试件的质量变化率 Δm 应按公式(1.4-6)计算：

$$\Delta m = \frac{m_2 - m_3}{m_2 - m_1} \times 100\% \tag{1.4-6}$$

式中：m_1——填充密封材料前金属环在空气中称量的质量（g）；

m_2——试件制备后立即在空气中称量的质量（g）；

m_3——试件处理后立即在空气中称量的质量（g）。

试验结果以 3 个试件质量变化率的算术平均值表示，精确到 0.1%。

1.4.19 烷烃增塑剂（红外光谱分析）

同 1.3.20 节。

第2章

幕墙玻璃

2.1 幕墙玻璃分类

建筑幕墙用玻璃一般应采用建筑用安全玻璃，包含钢化玻璃、均质钢化玻璃、中空玻璃、夹层玻璃。

2.1.1 钢化玻璃

1）定义

指经热处理工艺之后的玻璃，其特点是在玻璃表面形成压应力层，机械强度和耐热冲击强度得到提高，并具有特殊的碎片状态。

2）分类

（1）按生产工艺分类

垂直法钢化玻璃：在钢化过程中采取夹钳吊挂的方式生产出来的钢化玻璃；

水平法钢化玻璃：在钢化过程中采取水平辊支撑的方式生产出来的钢化玻璃。

（2）按形状分类

分为平面钢化玻璃和曲面钢化玻璃。

2.1.2 均质钢化玻璃

是指经过特定工艺条件处理过的钠钙硅钢化玻璃。

2.1.3 中空玻璃

1）定义

指两片或多片玻璃以有效支撑均匀隔开并周边粘结密封，使玻璃层间形成有干燥气体空间的玻璃制品。

2）分类

（1）按形状分类

分为平面中空玻璃和曲面中空玻璃。

（2）按中空腔内气体分类

普通中空玻璃：中空腔内为空气的中空玻璃；

充气中空玻璃：中空腔内充入氩气、氪气等气体的中空玻璃。

2.1.4 夹层玻璃

1）定义

指玻璃与玻璃和/或塑料等材料，用中间层分隔并通过处理使其粘结为一体的复合材料的统称，常见和大多使用的是玻璃与玻璃用中间层分隔并通过处理使其粘结为一体的玻璃构件。

2）分类

（1）按形状分类

分为平面中空玻璃和曲面中空玻璃。

（2）按霰弹袋冲击性能分类

分为Ⅰ类夹层玻璃、Ⅱ-1类夹层玻璃、Ⅱ-2类夹层玻璃、Ⅲ类夹层玻璃。

2.2　检验依据与数量

《平板玻璃》GB 11614—2022

《中空玻璃》GB/T 11944—2012

《建筑用安全玻璃　第2部分：钢化玻璃》GB 15763.2—2005

《建筑用安全玻璃　第3部分：夹层玻璃》GB 15763.3—2009

《建筑用安全玻璃　第4部分：均质钢化玻璃》GB 15763.4—2009

《建筑门窗幕墙用钢化玻璃》JG/T 455—2014

《玻璃应力测试方法》GB/T 18144—2008

《计数抽样检验程序　第1部分：按接收质量限（AQL）检索的逐批检验抽样计划》GB/T 2828.1—2012

《数值修约规则与极限数值的表示和判定》GB/T 8170—2008

《中空玻璃稳态 U 值（传热系数）的计算及测定》GB/T 22476—2008

《汽车安全玻璃试验方法　第2部分：光学性能试验》GB/T 5137.2—2020

《汽车安全玻璃试验方法　第3部分：耐辐照、高温、潮湿、燃烧和耐模拟气候试验》GB/T 5137.3—2020

《建筑玻璃均布静载模拟风压试验方法》GB/T 37825—2019

2.3　检验参数及要求

2.3.1　钢化玻璃

钢化玻璃的各项性能及其试验方法应符合表2.3-1相应条款的规定。其中安全性能要求为强制性要求。

技术要求及试验方法条款　　　　　　　　　　表 2.3-1

名称		技术要求	试验方法
尺寸及外观要求	尺寸及其允许偏差	2.3.1.1	2.4.1
	厚度及其允许偏差	2.3.1.2	2.4.1
	外观质量	2.3.1.3	2.4.2
	弯曲度	2.3.1.4	2.4.3

续表

名称		技术要求	试验方法
安全性要求	抗冲击性	2.3.1.5	2.4.4
	碎片状态	2.3.1.6	2.4.5
	霰弹袋冲击性能	2.3.1.7	2.4.6
一般性能要求	表面应力	2.3.1.8	2.4.7
	耐热冲击性能	2.3.1.9	2.4.8

2.3.1.1　尺寸及其允许偏差

1）长方形平面钢化玻璃边长允许偏差

长方形平面钢化玻璃边长允许偏差应符合表 2.3-2 的规定。

长方形平面钢化玻璃边长允许偏差（单位：mm）　　　表 2.3-2

厚度	边长 L 允许偏差			
	$L \leqslant 1000$	$1000 < L \leqslant 2000$	$2000 < L \leqslant 3000$	$L > 3000$
3、4、5、6	$+1$ -2	±3	±4	±5
8、10、12	$+2$ -3			
15	±4	±4		
19	±5	±5	±6	±7
> 19	供需双方商定			

2）长方形平面钢化玻璃的对角线差允许偏差

长方形平面钢化玻璃对角线差允许偏差应符合表 2.3-3 的规定。

长方形平面钢化玻璃对角线差允许偏差（单位：mm）　　　表 2.3-3

厚度	对角线差允许偏差		
	边长 ≤ 2000	2000 < 边长 ≤ 3000	边长 > 3000
3、4、5、6	±3.0	±4.0	±5.0
8、10、12	±4.0	±5.0	±6.0
15、19	±5.0	±6.0	±7.0
> 19	供需双方商定		

3）其他形状的钢化玻璃的尺寸及其允许偏差

由供需双方商定。

4）边部加工

边部加工形状及质量由供需双方商定。

5）圆孔

（1）概述

适用于公称厚度不小于 4mm 的钢化玻璃。圆孔的边部加工质量由供需双方商定。

（2）孔径

孔径一般不小于玻璃的公称厚度，孔径的允许偏差应符合表2.3-4的规定。小于玻璃的公称厚度的孔的孔径允许偏差由供需双方商定。

孔径允许偏差（单位：mm）   表2.3-4

公称孔径D	允许偏差
$4 \leqslant D \leqslant 50$	±1
$50 < D \leqslant 100$	±2
$D > 100$	供需双方商定

（3）孔的位置

①孔的边部与玻璃边部的距离 a 不应小于玻璃公称厚度的2倍。如图2.3-1所示。

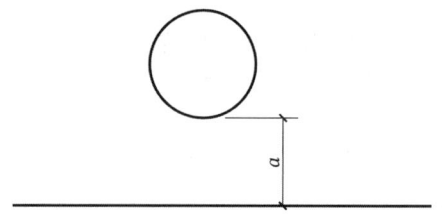

图2.3-1　孔的边部与玻璃边部的距离示意图

②两孔孔边之间的距离 b 不应小于玻璃公称厚度的2倍。如图2.3-2所示。

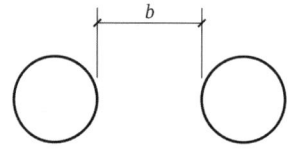

图2.3-2　两孔孔边之间的距离示意图

③孔的边部与玻璃角部的距离 c 不应小于玻璃公称厚度的6倍。如图2.3-3所示。

注：如果孔的边部与玻璃角部的距离小于35mm，那么这个孔不应处在相对于角部对称的位置上。具体位置由供需双方商定。

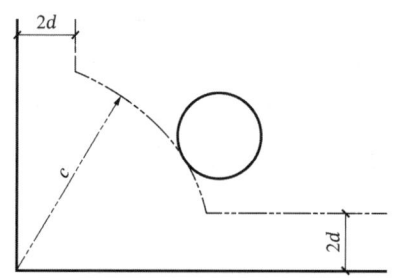

图2.3-3　孔的边部与玻璃角部的距离示意图

④圆心位置表示方法及其允许偏差。

圆孔圆心位置的表达方法可参照图2.3-4进行。如图2.3-4建立坐标系，用圆心的位置

坐标 (x, y) 表达圆圆心的位置。

圆孔圆心的位置 x、y 的允许偏差与玻璃的边长允许偏差相同（表 2.3-2）。

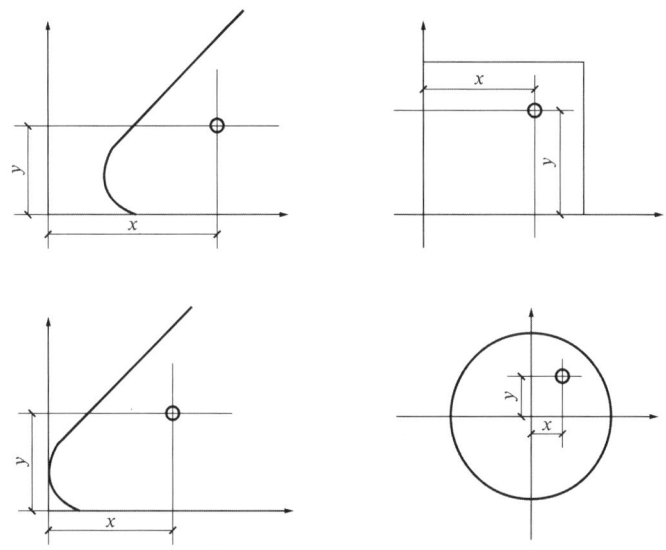

图 2.3-4　圆心位置表示方法

2.3.1.2　厚度允许偏差

钢化玻璃的厚度允许偏差应符合表 2.3-5 的规定。

厚度允许偏差（单位：mm）　　　　表 2.3-5

公称厚度	厚度允许偏差	公称厚度	厚度允许偏差
3、4、5、6	±0.2	15	±0.6
8、10	±0.3	19	±1.0
12	±0.4	> 19	供需双方商定

对于表 2.3-5 未作规定的公称厚度的玻璃，其厚度允许偏差可采用表 2.3-5 中与其邻近的较薄厚度的玻璃的规定，或由供需双方商定。

2.3.1.3　外观质量

钢化玻璃的外观质量应满足表 2.3-6 的要求。

钢化玻璃的外观质量　　　　表 2.3-6

缺陷名称	说明	允许缺陷
爆边	每片玻璃每米边长上允许有长度不超过 10mm，自玻璃边部向玻璃板表面延伸深度不超过 2mm，自板面向玻璃厚度延伸深度不超过厚度 1/3 的爆边个数	1 处
划伤	宽度在 0.1mm 以下的轻微划伤，每平方米面积内允许存在条数	长度 ≤100mm 时，4 条
	宽度大于 0.1mm 的划伤，每平方米面积内允许存在条数	宽度 0.1～1.0mm，长度共 ≤100mm 时 4 条

续表

缺陷名称	说明	允许缺陷
夹钳印	夹钳印与玻璃边缘的距离≤20mm，边部变形量≤2mm（图2.3-5）	
裂纹、缺角	不允许存在	

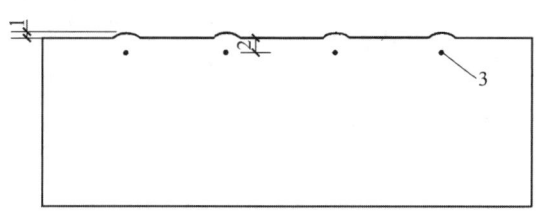

1—边部变形；2—夹钳印与玻璃边缘的距离；3—夹钳印

图2.3-5 夹钳印示意图

2.3.1.4 弯曲度

平面钢化玻璃的弯曲度，弓形时应不超过0.3%，波形时应不超过0.2%。

2.3.1.5 抗冲击性

取6块钢化玻璃进行试验，试样破坏数不超过1块为合格，多于或等于3块为不合格。当破坏数为2块时，再另取6块进行试验，试样必须全部不被破坏为合格。

2.3.1.6 碎片状态

取4块玻璃试样进行试验，每块试样在任何50mm×50mm区域内的最少碎片数必须满足表2.3-7的要求。且允许有少量长条形碎片，其长度不超过75mm。

最少允许碎片数 表2.3-7

玻璃品种	公称厚度/mm	最少碎片数/片
平面钢化玻璃	3	30
	4～12	40
	≥15	30
曲面钢化玻璃	≥4	30

2.3.1.7 霰弹袋冲击性能

取4块平型玻璃试样进行试验，应符合下列（1）或（2）中任意一条的规定。

（1）玻璃破碎时，每块试样的最大10块碎片质量的总和不得超过相当于试样65cm^{2}面积的质量，保留在框内的任何无贯穿裂纹的玻璃碎片的长度不能超过120mm。

（2）霰弹袋下落高度为1200mm时，试样不破坏。

2.3.1.8 表面应力

钢化玻璃的表面应力不应小于90MPa。以制品为试样，取3块试样进行试验，当全部符合规定为合格，2 块试样不符合则为不合格，当 2 块试样符合时，再追加 3 块试样，如果 3 块全部符合规定则为合格。

2.3.1.9　耐热冲击性能

钢化玻璃应耐 200℃温差不破坏。

取 4 块试样进行试验，当 4 块试样全部符合规定时认为该项性能合格。当有 2 块以上不符合时，则认为不合格。当有 1 块不符合时，重新追加 1 块试样，如果它符合规定，则认为该项性能合格。当有 2 块不符合时，则重新追加 4 块试样，全部符合规定时则为合格。

2.3.2　均质钢化玻璃

均质钢化玻璃的各项性能及其试验方法应符合表 2.3-8 相应条款的规定。

技术要求及试验方法　　　　　　　　　　表 2.3-8

序号	项目	技术要求	试验方法
1	尺寸及其允许偏差	2.3.2.1	2.4.1
2	厚度及其允许偏差	2.3.2.2	2.4.1
3	外观质量	2.3.2.3	2.4.2
4	弯曲度	2.3.2.4	2.4.3
5	抗冲击性	2.3.2.5	2.4.4
6	碎片状态	2.3.2.6	2.4.5
7	霰弹袋冲击性能	2.3.2.7	2.4.6
8	表面应力	2.3.2.8	2.4.7
9	耐热冲击性能	2.3.2.9	2.4.8
10	弯曲强度	2.3.2.10	2.4.9

2.3.2.1　尺寸及其允许偏差

应符合 2.3.1.1 的相关规定。

2.3.2.2　厚度及其允许偏差

应符合 2.3.1.2 的相关规定。

2.3.2.3　外观质量

应符合 2.3.1.3 的相关规定。

2.3.2.4　弯曲度

应符合 2.3.1.4 的相关规定。

2.3.2.5　抗冲击性

应符合 2.3.1.5 的相关规定。

2.3.2.6 碎片状态

应符合 2.3.1.6 的相关规定。

2.3.2.7 霰弹袋冲击性能

应符合 2.3.1.7 的相关规定。

2.3.2.8 表面应力

应符合 2.3.1.8 的相关规定。

2.3.2.9 耐热冲击性能

应符合 2.3.1.9 的相关规定。

2.3.2.10 弯曲强度（四点弯法）

以 95%的置信区间，5%的破损概率，均质钢化玻璃的弯曲强度应符合表 2.3-9 的规定。

均质钢化玻璃弯曲强度   表 2.3-9

均质钢化玻璃	弯曲强度/MPa
以浮法玻璃为原片的均质钢化玻璃 镀膜均质钢化玻璃	120
釉面均质钢化玻璃（釉面为加载面）	75
压花均质钢化玻璃	90

2.3.3 中空玻璃

中空玻璃的性能及试验方法应符合表 2.3-10 中相应条款的规定。

中空玻璃性能要求   表 2.3-10

项目	要求		试验方法
	普通中空玻璃	充气中空玻璃	
尺寸偏差	2.3.3.1	2.3.3.1	2.4.1
外观质量	2.3.3.2	2.3.3.2	2.4.2
露点	2.3.3.3	2.3.3.3	2.4.10
耐紫外线辐照性能	2.3.3.4	2.3.3.4	2.4.11
水气密封耐久性能	2.3.3.5	2.3.3.5	2.4.12
初始气体含量	—	2.3.3.6	2.4.13
气体密封耐久性能	—	2.3.3.7	2.4.14
U 值	2.3.3.8	2.3.3.8	2.4.15

2.3.3.1　尺寸偏差

（1）中空玻璃的长度及宽度允许偏差见表 2.3-11。

长（宽）度允许偏差（单位：mm）　　　　表 2.3-11

长（宽）度 L	允许偏差
$L < 1000$	±2
$1000 \leqslant L < 2000$	+2、−3
$L \geqslant 2000$	±3

（2）中空玻璃的厚度允许偏差见表 2.3-12。

厚度允许偏差（单位：mm）　　　　表 2.3-12

公称厚度 D	允许偏差
$D < 17$	±1.0
$17 \leqslant D < 22$	±1.5
$D \geqslant 22$	±2.0

注：中空玻璃的公称厚度为玻璃原片公称厚度与中空腔厚度之和。

（3）中空玻璃对角线差

矩形平面中空玻璃对角线差应不大于对角线平均长度的 0.2%。曲面和异形中空玻璃对角线差由供需双方商定。

（4）叠差

平面中空玻璃的最大叠差应符合表 2.3-13 的规定。

允许叠差（单位：mm）　　　　表 2.3-13

长（宽）度 L	允许叠差
$L < 1000$	2
$1000 \leqslant L < 2000$	3
$L \geqslant 2000$	4

注：曲面和有特殊要求的中空玻璃的叠差由供需双方商定。

（5）中空玻璃的胶层厚度

中空玻璃外道密封胶宽度应 ≥ 5mm；复合密封胶条的胶层宽度为 (8 ± 2)mm；内道丁基胶层宽度应 ≥ 3mm；特殊规格或有特殊要求的产品由供需双方商定。

2.3.3.2　外观质量

中空玻璃的外观质量应符合表 2.3-14 的规定。

中空玻璃外观质量　　　　表 2.3-14

项目	要求
边部密封	内道密封胶应均匀连续，外道密封胶应均匀整齐，与玻璃充分粘结，且不超出玻璃边缘

项目	要求
玻璃	宽度 ≤ 0.2mm、长度 ≤ 30mm 的划伤允许 4 条/m²，0.2mm < 宽度 ≤ lmm，长度 ≤ 50mm 划伤允许 1 条/m²；其他缺陷应符合相应玻璃标准要求
间隔材料	无扭曲，表面平整光洁；表面无污痕、斑点及片状氧化现象
中空腔	无异物
玻璃内表面	无妨碍透视的污迹和密封胶流淌

2.3.3.3 露点

中空玻璃的露点应 < −40℃。

2.3.3.4 耐紫外线辐照性能

试验后，试样内表面应无结雾、水气凝结或污染的痕迹且密封胶无明显变形。

2.3.3.5 水气密封耐久性能

水分渗透指数 $I \leqslant 0.25$，平均值 $I_{aV} \leqslant 0.20$。

2.3.3.6 初始气体含量

充气中空玻璃的初始气体含量应 ≥ 85%。

2.3.3.7 气体密封耐久性能

充气中空玻璃经气体密封耐久性能试验后的气体含量应 ≥ 80%。

2.3.3.8 U 值

由供需双方商定是否有必要进行本项试验。

2.3.4 夹层玻璃

夹层玻璃的性能要求及其试验方法规则判定应符合表 2.3-15 中相应条款的规定，对曲面夹层玻璃和特殊要求的安全夹层玻璃，其尺寸及外观要求、一般性能要求、试验方法及判定规则可由供需双方商定。

安全夹层玻璃的性能技术要求及试验方法　　　　　　表 2.3-15

名称		要求	试验方法
尺寸及外观要求	外观质量	2.3.4.1	2.4.2
	尺寸和允许偏差	2.3.4.2	2.4.1
	弯曲度	2.3.4.3	2.4.3
一般性能要求	可见光透射比	2.3.4.4	2.4.16
	可见光反射比	2.3.4.5	2.4.17
	抗风压性能	2.3.4.6	2.4.18

续表

名称		要求	试验方法
安全性能要求	耐热性	2.3.4.7	2.4.8
	耐湿性	2.3.4.8	2.4.19
	耐辐照性	2.3.4.9	2.4.20
	落球冲击剥离性能	2.3.4.10	2.4.4
	霰弹袋冲击性能	2.3.4.11	2.4.6

2.3.4.1　外观质量

1）可视区缺陷

（1）可视区点状缺陷

可视区的点状缺陷数应满足表 2.3-16 规定。

可视区允许点状缺陷数　　　　　　　　表 2.3-16

缺陷尺寸λ/mm			$0.5 < \lambda \leqslant 1.0$	$1.0 < \lambda \leqslant 3.0$			
玻璃面积S/m²			S 不限	$S \leqslant 1$	$1 < S \leqslant 2$	$2 < S \leqslant 8$	$8 < S$
允许缺陷数/个	玻璃层数	2	不得密集存在	1	2	1.0m²	1.2m²
		3		2	3	1.5m²	1.8m²
		4		3	4	2.0m²	2.4m²
		≥ 5		4	5	2.5m²	3.0m²

注：1. 不大于 0.5mm 的缺陷不考虑，不允许出现大于 3mm 的缺陷。

2. 当出现下列情况之一时，视为密集存在：

    a. 两层玻璃时，出现 4 个或 4 个以上，且彼此相距 < 200mm 缺陷；

    b. 三层玻璃时，出现 4 个或 4 个以上，且彼此相距 < 180mm 缺陷；

    c. 四层玻璃时，出现 4 个或 4 个以上，且彼此相距 < 1500mm 缺陷；

    d. 五层以上玻璃时，出现 4 个或 4 个以上，且彼此相距 < 100mm 缺陷。

3. 单层中间层单层厚度大于 2mm 时，上表允许缺陷数总数增加 1。

（2）可视区线状缺陷

可视区的线状缺陷数应满足表 2.3-17 的规定。

可视区允许的线状缺陷数　　　　　　　　表 2.3-17

缺陷尺寸（长度L，宽度B）/mm	$L \leqslant 30$ 且 $B \leqslant 0.2$	$L > 30$ 或 $B > 0.2$		
玻璃面积S/m²	S 不限	$S \leqslant 5$	$5 < S \leqslant 8$	$8 < S$
允许缺陷数/个	允许存在	不允许	1	2

2）周边区缺陷

使用时装有边框的夹层玻璃周边区域，允许直径不超过 5mm 的点状缺陷存在；如点状缺陷是气泡，气泡面积之和不应超过边缘区面积的 5%。使用时不带边框夹层玻璃的周边区缺陷，由供需双方商定。

3）裂口

不允许存在。

4）爆边

长度或宽度不得超过玻璃的厚度。

5）脱胶

不允许存在。

6）皱痕和条纹

不允许存在。

2.3.4.2 尺寸允许偏差

1）长度和宽度允许偏差

夹层玻璃最终产品的长度和宽度允许偏差应符合表 2.3-18 的规定。

长度和宽度允许偏差（单位：mm）　　　　　　　　　表 2.3-18

公称尺寸（边长 L）	公称厚度≤8	公称厚度＞8	
		每块玻璃公称厚度＜10	至少一块玻璃公称厚度≥10
$L \leqslant 1100$	+2.0 −2.0	+2.5 −2.0	+3.5 −2.5
$1100 < L \leqslant 1500$	+3.0 −2.0	+3.5 −2.0	+4.5 −3.0
$1500 < L \leqslant 2000$	+3.0 −2.0	+3.5 −2.0	+5.0 −3.5
$2000 < L \leqslant 2500$	+4.5 −2.5	+5.0 −3.0	+6.0 −4.0
$L > 2500$	+5.0 −3.0	+5.5 −3.5	+6.5 −4.5

2）叠差

叠差如图 2.3-6 所示，夹层玻璃的最大允许叠差见表 2.3-19。

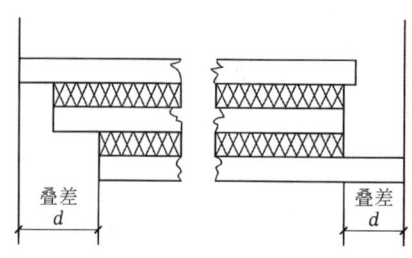

图 2.3-6　叠差

夹层玻璃的最大允许叠差（单位：mm）　　　　　　　　　表 2.3-19

长（宽）度 L	最大允许叠差
$L \leqslant 1000$	2.0
$1000 < L \leqslant 2000$	3.0

续表

长（宽）度 L	最大允许叠差
$2000 < L \leqslant 4000$	4.0
$L > 4000$	6.0

3）厚度

对于三层原片以上（含三层）制品、原片材料总厚度超过 24mm 及使用钢化玻璃作为原片时，其厚度允许偏差由供需双方商定。

（1）干法夹层玻璃厚度偏差

干法夹层玻璃的厚度偏差，不能超过构成夹层玻璃的原片厚度允许偏差和中间层材料厚度允许偏差总和。中间层的总厚度 < 2mm 时，不考虑中间层的厚度偏差；中间层总厚度 ≥ 2mm 时，其厚度允许偏差为±0.2mm。

（2）湿法夹层玻璃厚度偏差

湿法夹层玻璃的厚度偏差，不能超过构成夹层玻璃的原片厚度允许偏差和中间层材料厚度允许偏差总和。湿法中间层厚度允许偏差应符合表 2.3-20 的规定。

湿法夹层玻璃中间层厚度允许偏差（单位：mm）　　　表 2.3-20

湿法中间层厚度 d	允许偏差 δ	湿法中间层厚度 d	允许偏差 δ
$d < 1$	±0.4	$2 \leqslant d < 3$	±0.6
$1 \leqslant d < 2$	±0.5	$d \geqslant 3$	±0.7

4）对角线差

矩形夹层玻璃制品，长边长度不大于 2400mm 时，对角线差不得大于 4mm；长边长度大于 2400mm 时，对角线差由供需双方商定。

2.3.4.3　弯曲度

平面夹层玻璃的弯曲度，弓形时应不超过 0.3%，波形时应不超过 0.2%。原片材料使用非无机玻璃时，弯曲度由供需双方商定。

2.3.4.4　可见光透射比

测定安全玻璃是否具有一定的可见光透射比，由供需双方商定。

2.3.4.5　可见光反射比

测定安全玻璃的可见光发射比，由供需双方商定。

2.3.4.6　抗风压性能

应由供需双方商定是否有必要进行本项试验，以便合理选择给定风荷载条件下适宜的夹层玻璃的材料、结构和规格尺寸等，或验证所选定夹层玻璃的材料、结构和规格尺寸等能否满足设计风压值的要求。

2.3.4.7 耐热性

评价安全玻璃经受一定时间的高温作用后，其外观质量是否出现变化。试验后允许试样存在裂口，超出边部或裂口13mm部分不能产生气泡或其他缺陷。

2.3.4.8 耐湿性

确定安全玻璃能否经受一定时间的大气湿气的作用。目视检查试验前后试样的外观变化，即材料间的脱胶现象，按GB/T 5137.2—2020的规定检查可见光透射比的降低。如有必要，等完成试验后48h再进行评价。应评价整块试样的变化情况。评价时距非切割边10mm或距切割边15mm范围内的变化情况不予考虑。试验后试样超出原始边15mm、切割边25mm、裂口10mm部分不能产生气泡或其他缺陷。

2.3.4.9 耐辐照性

确定安全玻璃经一定时间辐照之后是否会出现明显的变色或透射比降低的现象。试验后试样不可产生显著变色、气泡及浑浊现象，且试验前后试样的可见光透射比相对变化率ΔT应不大于3%。

2.3.4.10 落球冲击剥离性能

观察玻璃在不同冲击高度下的破坏状态，试验过程中间层不得断裂、不得因碎片剥离而暴露。

2.3.4.11 霰弹袋冲击性能

在每一冲击高度试验后试样均应未破坏和/或安全破坏。

破坏时试样同时符合下列要求为安全破坏：

（1）破坏时允许出现裂缝或开口，但是不允许出现使直径为76mm的球在25N力作用下通过的裂缝或开口；

（2）冲击后试样出现碎片剥离时，称量冲击后3min内从试样上剥离下的碎片。碎片总质量不得超过相当于100cm²试样的质量，最大剥离碎片质量应小于44cm²面积试样的质量。

Ⅱ-1类夹层玻璃：3组试样在冲击高度分别为300mm、750mm和1200mm时冲击后，全部试样未破坏和/或安全破坏。

Ⅱ-2类夹层玻璃：2组试样在冲击高度分别为300mm和750mm时冲击后，试样未破坏和/或安全破坏；但另1组试样在冲击高度为1200mm时，任何试样非安全破坏。

Ⅲ类夹层玻璃：1组试样在冲击高度为300mm时冲击后，试样未破坏和/或安全破坏，但另1组试样在冲击高度为750mm时，任何试样非安全破坏。

Ⅰ类夹层玻璃：对霰弹袋冲击性能不做要求。

2.4 试验方法

除特殊规定外，夹层玻璃试验均应在温度为15～25℃，大气压力为8.60×10⁴～1.06×

10^5Pa，相对湿度为 40%～80%的整洁环境下进行。

2.4.1　尺寸厚度检验

2.4.1.1　试件准备

采用制品为试样，检验数量按照表 2.5-1～表 2.5-3 执行。

2.4.1.2　检测步骤

（1）钢化玻璃、均质钢化玻璃

尺寸检验：尺寸用最小刻度为 1mm 的钢直尺或钢卷尺进行测量。

厚度检验：使用外径千分尺或与此同等精度的器具，在距玻璃板边 15mm 内的四边中点测量。测量结果的算术平均值即为厚度值。并以毫米（mm）为单位修约到小数点后 2 位。

（2）中空玻璃

尺寸检验：长、宽偏差，对角线差使用精度为 1.0mm 钢直尺或钢卷尺测量。

叠差测量：使用精度为 0.5mm 钢直尺或钢卷尺沿玻璃周边测量，读取叠差最大值。

胶层宽度：内道密封胶的宽度在丁基胶最窄处测量，外道密封胶的宽度在内道密封胶与外道密封胶交界处至外道密封胶外边缘最窄处测量，如图 2.4-1 所示。复合密封胶条的宽度如图 2.4-2 所示。

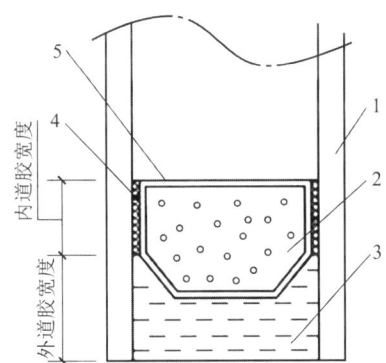

1—玻璃；2—干燥剂；3—外道密封胶；4—内道密封胶；5—间隔框

图 2.4-1　胶层宽度示意

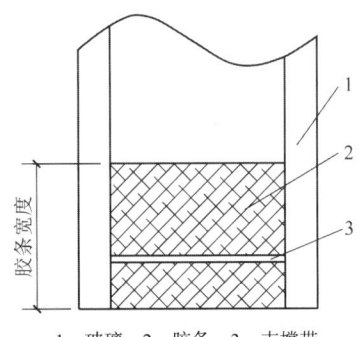

1—玻璃；2—胶条；3—支撑带

图 2.4-2　胶条宽度示意

厚度检验：使用精度为 0.01mm 的外径千分尺或精度为 0.02mm 的游标卡尺，在距玻璃边缘 15mm 内的四边中点测量，测量结果的算术平均值即为厚度值。

（3）夹层玻璃

尺寸检验：长、宽偏差，对角线差使用精度为 1mm 钢直尺或钢卷尺测量。

叠差测量：使用精度为 0.5mm 钢直尺沿玻璃周边测量，读取叠差最大值。

厚度检验：使用符合《外径千分尺》GB/T 1216—2018 规定的外径千分尺或具有同等以上精度的量具，在玻璃四边中心进行测量，取其平均值，数值修约至小数点后两位。

2.4.2 外观检验

2.4.2.1 试件准备

采用制品为试样，检验数量按照表 2.5-1～表 2.5-3 执行。

2.4.2.2 检测步骤

（1）钢化玻璃、均质钢化玻璃

点状缺陷及密集度：使用精度为 0.01mm 的读数显微镜测量点状缺陷的最大尺寸。使用分度值为 1mm 的金属直尺测量两点状缺陷的间距并统计 100mm 圆内规定尺寸的点状缺陷数量。

线道、划伤和裂纹：如图 2.4-3 所示。在不受外界光线影响的环境中，将试样垂直放在距屏幕 600mm 的位置。屏幕为黑色无光泽屏幕，安装有数支功率为 40W、间距为 300mm 的荧光灯，观察者距离试样 600mm，视线垂直于试样表面观察。采用分度值 1mm 的金属直尺和精度为 0.01mm 的读数显微镜测量划伤的长度和宽度。

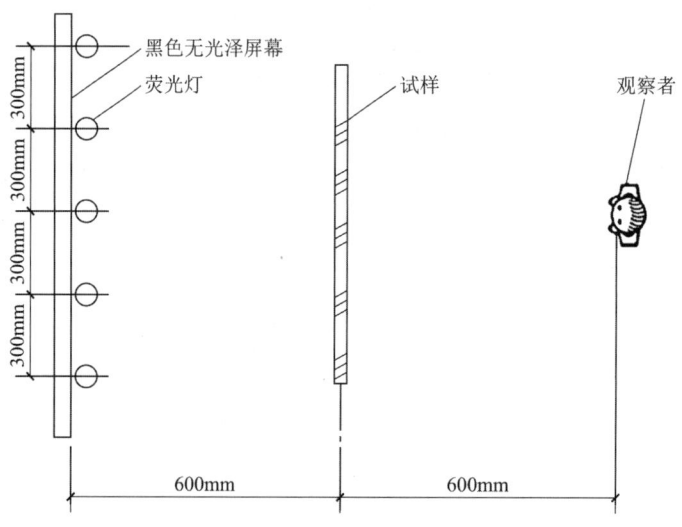

图 2.4-3 检验外观质量示意图

（2）中空玻璃

用制品或试样进行检测，在较好的自然光或散射光背景光照条件下，距中空玻璃正面

600mm 处，用肉眼进行观测。划伤宽度用放大 10 倍、精度为 0.1mm 的读数显微镜测量，划伤的长度用精度为 0.5mm 的钢直尺测量。

（3）夹层玻璃

以制品为试样，在较好的自然光或散射光照背景条件下，试样垂直放置，视线垂直玻璃，在距试样 1m 处进行观察。点状缺陷尺寸和线状缺陷宽度用放大 10 倍、精度 0.1mm 的读数显微镜测定。线状缺陷和爆边长度使用符合《金属直尺》GB/T 9056—2004 钢直尺或具有同等以上精度的量具测量，目视检查裂口、脱胶、皱痕和条纹。

2.4.3　弯曲度

2.4.3.1　试件准备

采用制品为试样，检验数量按照表 2.5-1～表 2.5-3 执行。

2.4.3.2　检测步骤

将室温下放置 4h 以上的试样垂直立放，并在其长边下方的 1/4 处垫上 2 块垫块。用一直尺或金属线水平紧贴试样的两边或对角线方向，用塞尺测量直线边与玻璃之间的间隙，并以弧的高度与弦的长度之比的百分率来表示弓形时的弯曲度。

进行局部波形测量时，用一直尺或金属线沿平行玻璃边缘 25mm 方向进行测量，测量长度 300mm，并用塞尺测得波谷或波峰的高，除以 300mm 后的百分率表示波形的弯曲度，如图 2.4-4 所示。

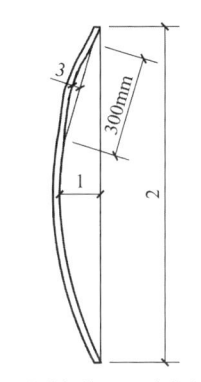

1—弓形变形；2—玻璃边长或对角线长；3—波形变形

图 2.4-4　弓形和波形弯曲度示意图

2.4.4　抗冲击性

2.4.4.1　试件准备

钢化玻璃和均质钢化玻璃：取 6 块试样进行试验。试样采用与制品同厚度、同种类的，且与制品在同一工艺条件下制造的尺寸为 610mm(−0mm,+5mm) × 610mm(−0mm,+5mm) 的平面钢化玻璃，或直接从制品上切取。

2.4.4.2　试验环境条件

试验应在常温条件下进行。

2.4.4.3　试验设备及校准

试验支架由两个经机械加工的钢框组成，周边宽度 15mm，在两个钢框接触面上分别衬以厚度为 3mm，宽度为 15mm、硬度为邵尔 A50 的橡胶垫。下钢框安放在高度约为 150mm 的钢箱上，试样放在上钢框下面。支撑钢箱被焊在厚 12mm 的钢板上，钢箱与地面之间衬以厚 3mm、厚度为邵尔 A50 的橡胶垫，如图 2.4-5 所示。

使冲击面保持水平状态。当钢化玻璃为曲面时，需要使用相应的辅助框架支承。

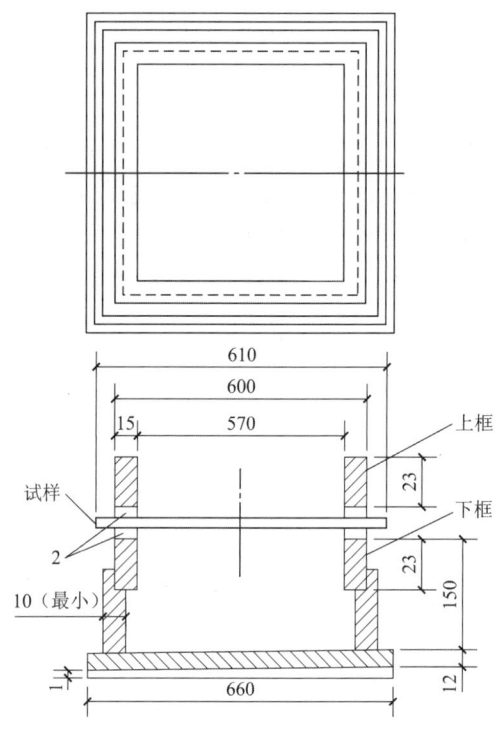

1—橡胶板（厚 3mm）；2—橡胶板（宽 15mm，硬度 A50）

图 2.4-5　抗冲击试样支架示意图

2.4.4.4　检测步骤

（1）钢化玻璃、均质钢化玻璃

使用直径为 63.5mm（质量约 1040g）表面光滑的钢球放在距离试样表面 1000mm 的高度，自由落下后冲击点在距试样中心 25mm 的范围内，每块试样仅冲击 1 次，观察试样是否破坏，并记录冲击面为试样哪一个面。如图 2.4-6 所示。

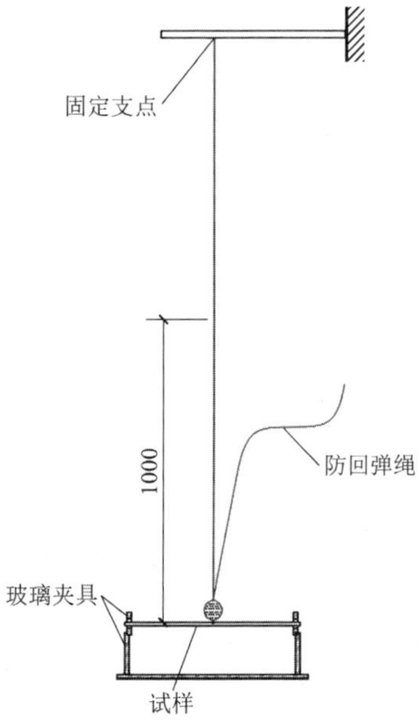

（2）夹层钢化玻璃

将试样放在试样支架上，试样的冲击面与钢球的入射方向应垂直，允许偏差在 3° 以内。试样为不对称夹层玻璃时，取较薄的一面为冲击面。曲面夹层玻璃进行试验时需要采用与曲面形状相吻合的辅助框架支撑，冲击面根据使用情况确定。

将质量为 1040g 钢球放置于距离试样表面 1200mm 高度的位置，自由下落后冲击点应位于以试样几何中心为圆心，半径为 25mm 的圆内，观察玻璃有一块或一块以上破坏时的状态。

若试样没有破坏，按下落高度 1200mm、1500mm、1900mm、2400mm、3000mm、3800mm 和 4800mm 的顺序，依次提升高度冲击，并观察每次冲击后玻璃的破坏状态。

图 2.4-6　抗冲击性检测示意图

54

若玻璃仍未破坏，用 2260g 钢球按上述程序进行冲击，并观察每次冲击后试样的破坏状态。

若玻璃还未破坏，按《滚动轴 承球 第 1 部分：钢球》GB/T 308.1—2013 规定选取质量适当增大的钢球，按相同的程序冲击，并观察每次冲击后的玻璃破坏状态。

2.4.5　碎片状态

2.4.5.1　试件准备

采用制品为试样，取 4 块试样进行检测试验。

2.4.5.2　试验设备

采用可保留碎片图案的任何装置。

2.4.5.3　检测步骤

（1）将玻璃试样自由平放在试验台上，并用透明胶带纸或其他方式约束玻璃周边，以防止玻璃碎片溅开；

（2）在试样的最长边中心线上距离周边 20mm 左右的位置，用尖端曲率半径为(0.2 ± 0.05)mm 的小锤或冲头进行冲击，使试样破碎；

（3）保留碎片图案的措施应在冲击后 10s 后开始并且在冲击后 3min 内结束；

（4）碎片计数时，应除去距离冲击点半径 80mm 以及距玻璃边缘或钻孔边缘 25mm 范围内的部分。从图案中选择碎片最大的部分，再用 50mm × 50mm 的计数框计算框内的碎片数，每个碎片不能有贯穿的裂纹存在，横跨计数框边缘的碎片按 1/2 个碎片计算。

2.4.6　霰弹袋冲击性能

2.4.6.1　试件准备

（1）钢化玻璃、均质钢化玻璃

取 4 块试样进行试验。试样采用与制品相同厚度且与制品在同一工艺条件下制造的尺寸为 1930mm(−0mm,+5mm) × 864mm(−0mm,+5mm) 的长方形平面钢化玻璃。

（2）夹层钢化玻璃

试样应采用与产品相同材料和工艺条件下制造的尺寸为(1930 ± 2)mm × (864 ± 2)mm 的平型试验片；曲面夹层玻璃采用相同结构和工艺的平面试验片替代。共需试样 12 块，每 4 块试样为 1 组，分为 3 组，试验中未破坏的样品允许再次使用。

2.4.6.2　试验设备

试验装置应符合《建筑用安全玻璃 第 3 部分：夹层玻璃》GB 15763.3—2009 附录 C～附录 E 的相关规定。

2.4.6.3　检测步骤

（1）钢化玻璃、均质钢化玻璃

用直径 3mm 的挠性钢丝绳把冲击体吊起，使冲击体横截面最大直径部分的外周距离试样表面小于 13mm，距离试样的中心在 50mm 以内。

使冲击体最大直径的中心位置保持在 300mm 的下落高度，自由摆动落下，冲击试样中心点附近 1 次。若试样没有破坏，升高至 750mm，在同一试样的中心点附近再冲击 1 次。

试样仍未破坏时，再升高至 1200mm 的高度，在同一块试样中心点附近冲击一次。

下落高度为 300mm、750mm 或 1200mm 试样破坏时，在破坏后 5min 之内，从玻璃碎片中选出最大的 10 块，称其质量。并测量保留在框内最长的无贯穿裂纹的玻璃碎片的长度。

（2）夹层钢化玻璃

试验前，试样应在试验条件下至少保存 12h。

试验应从最低冲击高度开始，4 块玻璃为一组，按 300mm、750mm 和 1200mm 的高度依次进行冲击试验；

在每次冲击试验前，应将冲击体提升至相应的高度并保持冲击体静止。在该冲击高度，冲击体的金属杆中心轴应与冲击体的悬挂绳索成一直线，见图 2.4-7。

在相应的冲击高度，将初速度为零的冲击体释放，使冲击体以摆捶式自由下落垂直冲击试样的中部一次。

结构为不对称夹层玻璃的，有确定的使用冲击面时，对指定的冲击面进行冲击试验，无确定的使用冲击面时，应对两面进行冲击试验，并在测试报告中注明冲击面。

每次冲击后，应对试样状态进行检查。如一组试样中任一片试样不满足 2.3.4.11 的要求，该组试验结束；如一组试样均满足 2.3.4.11 的要求，可继续下一个高度冲击试验，未破坏的试样可再次使用。

记录并报告该产品试样最大冲击高度和冲击历程，注明中间层材料的种类、产地等内容。

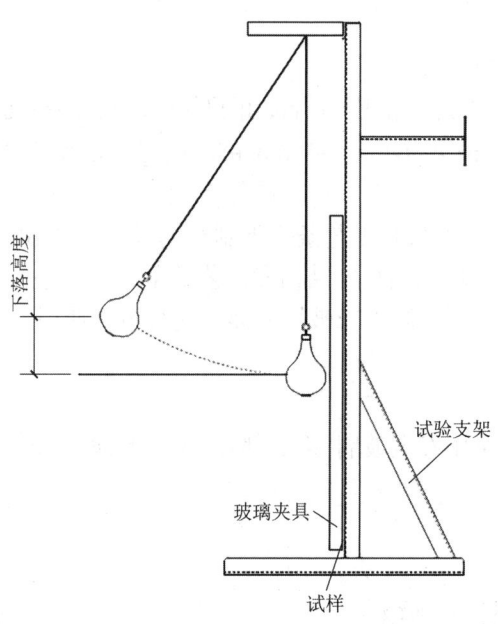

图 2.4-7　霰弹袋冲击检测示意图

2.4.7　表面应力

2.4.7.1　试件准备

以制品为试样,取 3 块试样进行试验,如果试样锡扩散层的表面有涂层(如幕墙玻璃、汽车后挡风玻璃的釉面涂层),应先用氢氟酸或砂布除去涂层,在除去涂层的部位作为试样的应力检测点。

为了避免热应力的产生,试样的内、外温度应一致并与周围的环境温度相同。

2.4.7.2　试验设备及校准

试验设备采用由光源、柱面棱镜、望远物镜系统和测微目镜等构成的表面应力仪。设备示意图如图 2.4-8 所示。

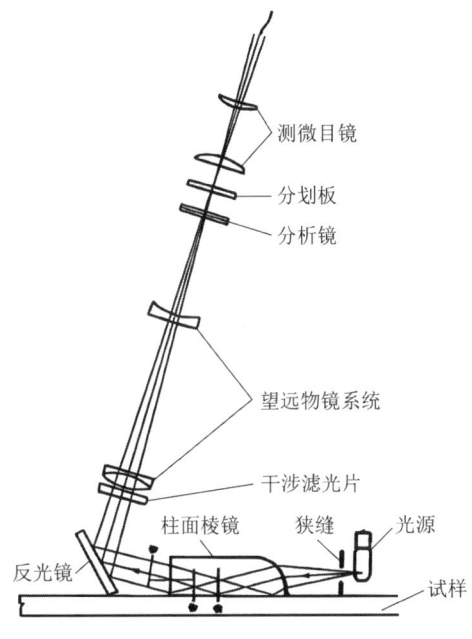

图 2.4-8　表面应力试验设备示意图

2.4.7.3　检测步骤

具体检测步骤如下:

确定测量点:在距长边 100mm 处,引平行于长边的 2 条平行线,并与对角线相交于 4 点,这 4 点以及样品的几何中心点即为测量点,如图 2.4-9 所示;若样品短边长度不足 300mm 时,则在距短边 100mm 处,引平行于短边的两条平行线与中心线相交于 2 点,这 2 点及样品的几何中心点即为测量点,如图 2.4-10 所示。

将被测试样的锡扩散层朝上水平平稳放置;

将玻璃试样表面擦拭干净,在测量点滴上 1～2 滴折射油;

将仪器棱镜部位与测量点处可靠接触,调整光源的位置、狭缝位置以及反光镜角度,使视场内出现清晰的明暗台阶图像;

由测微目镜读出台阶的高度 d，精确到 0.01mm，压应力和拉应力由图 2.4-11 确定；

将测量点测量值的算术平均值作为试样的表面应力值，测点中的最大值作为试样的表面应力最大值，测点中的最小值作为试样的表面应力最小值。

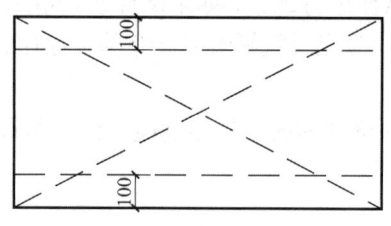

图 2.4-9　测量点示意图一

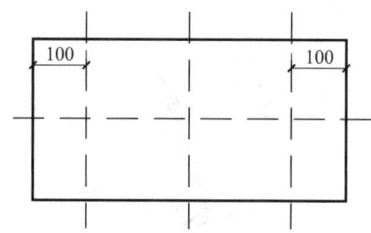

图 2.4-10　测量点示意图二

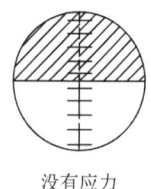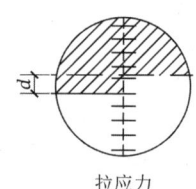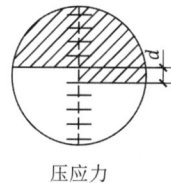

没有应力　　　　　　拉应力　　　　　　压应力

图 2.4-11　表面应力仪的视场中不同应力状态示意图

2.4.8　耐热冲击性能

2.4.8.1　试件准备

试样采用与制品材料相同、同一加工工艺下制造的尺寸为 300mm × 300mm 的试样，或直接从制品上切取，但至少有一边为制品原边的一部分。试验状态应与最终产品使用条件一致，如最终产品使用时所有边部是带保护的，试样的所有边部也应带保护。

2.4.8.2　试验设备

采用控温精度不超过 ±1℃电热鼓风烘箱，或能够加热水至沸腾的装置。

2.4.8.3　检测步骤

（1）钢化玻璃、均质钢化玻璃

取 4 块试样进行试验，将试样置于(200 ± 2)℃ 的烘箱中，保温 4h 以上，取出后立即将试样垂直浸入 0℃ 的冰水混合物中，应保证试样高度的 1/3 以上能浸入水中，5min 后观察玻璃是否破坏。玻璃表面和边部的鱼鳞状剥离不应视作破坏。

（2）夹层玻璃

取 3 块试样进行检测试验,具体检测步骤为:先将试样在(65 ± 3)℃的温水中浴热 3min,避免热应力造成试样出现裂纹,再将试样加热至100_{-3}^{0}℃,并保温 2h,然后将试样冷却至室温。如果试样的两个外表面均为玻璃,也可将试样垂直浸入加热至100_{-3}^{0}℃的热水中 2h,然后将试样从水中取出冷却至室温。目视检查试验后的样品,记录是否有气泡或其他缺陷。

2.4.9　弯曲强度（四点弯法）

2.4.9.1　试件准备

取至少 12 块试样进行试验。每块试样长度为(1100 ± 5)mm,宽度为(360 ± 5)mm。制备试样时,切割刀口应在试样的同一表面。

试验前 24h 内不得对试样进行任何加工或处理。如果试样表面贴有保护膜,需在试验前 24h 去除。试验前应在 2.4.9.2 中的环境下放置至少 4h。

2.4.9.2　试验环境条件

环境温度：(23 ± 5)℃,环境湿度：40%～70%。为避免热应力的产生,在试验的全过程中,环境温度的波动不应大于 1℃。

2.4.9.3　试验设备

采用材料试验机进行试验,如图 2.4-12 所示。试验机应能连续、均匀地对试样加载,且能够将由于加载产生的振动降低至最小。试验机应装有加载测量装置,其量程内的误差应小于±2%。支撑辊和加载辊的直径为 50mm,长度不小于 365mm。支撑辊和加载辊均能围绕各辊轴线转动。

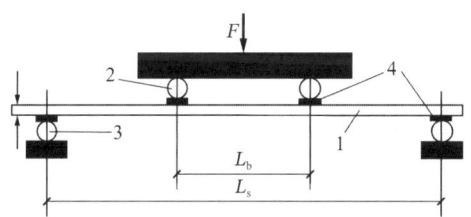

1—试样；2—加载辊；3—支撑辊；4—橡胶条［厚度为 3mm,硬度为（40 ± 10）IRHD］；
$L_b = (200 \pm 1)$mm；$L_s = (1000 \pm 2)$mm

图 2.4-12　四点弯曲强度试验装置示意图

2.4.9.4　检测步骤

具体检测步骤如下：

测量试样的宽度和厚度：分别测量试样的 3 次宽度,取其算术平均值,精确至 1mm；测量厚度时,为避免由于测量而产生的表面破坏,测量应分别在试样的两端进行（至少应在试样的位于加载辊以外的部分进行测量）,分别测量 4 点,并取算术平均值,精确至 0.01mm,也可在试验后测量破碎后的试样厚度,每块试样取 4 块碎片测量厚度,并取算术平均值,精确至 0.01mm。

试样有切割刀口的表面朝上。为便于查找断裂源和防止碎片飞散，可在试样上表面粘贴薄膜。

加载：试验机以试样弯曲应力(2 ± 0.4)MPa/s 的递增速度对试样进行加载，直至试样破坏，记录每块试样破坏时的最大荷载、从开始加载至试样破坏的时间（精确至 1s）以及试样的断裂源是否在加载辊之间。

数据处理：数据源应当在加载辊之间，否则应以新试样替补上重新试验，以保证每组试样原来的数量，按如下公式计算试样的弯曲强度。

$$\sigma_{bG} = F_{max}\frac{3(L_s - L_b)}{2Bh^2} + \sigma_{bg} \tag{2.4-1}$$

式中：σ_{bG}——弯曲强度（MPa）；

$\quad F_{max}$——试样断裂时的最大荷载（N）；

$\quad L_s$——两支撑辊轴心之间的距离（mm）；

$\quad L_b$——两加载辊轴心之间的距离（mm）；

$\quad B$——试样的宽度（mm）；

$\quad h$——试样的厚度（mm）；

$\quad \sigma_{bg}$——试样由于自重产生的弯曲强度（MPa），或按公式 $\sigma_{bg} = 3pgL_s2/4h'$ 计算；

$\quad g$——单位换算系数（9.8N/kg）；

$\quad h'$——试样的厚度（m）。

2.4.10 露点

2.4.10.1 试件准备

试样采用制品或与制品材料相同、同一加工工艺下制造的尺寸为 510mm × 360mm 的试验片，数量为 15 块。

2.4.10.2 试验环境条件

试验在温度(23 ± 2)℃、相对湿度 30%～75% 的环境中进行。试验前全部试样在该环境中放置至少 24h。

2.4.10.3 试验设备校准

采用直径为(50 ± 1)mm 和厚度为 0.5mm 的铜制材料测量面，温度测量范围可以达到 -60℃，精度 $\leqslant 1$℃的露点仪，如图 2.4-13 所示。

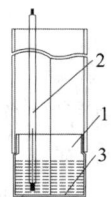

1—铜槽；2—温度计；3—测量面

图 2.4-13 露点仪装置示意图

2.4.10.4 检测步骤

具体检测步骤如下：

（1）向露点仪内注入深约 25mm 的乙醇或丙酮，再加入干冰，使其温度降低到等于或低于 −60℃ 开始露点测试，并在试验中保持该温度。

（2）将试样水平放置，在上表面涂一层乙醇或丙酮，使露点仪与该表面紧密接触，停留时间按表 2.4-1 的规定。

（3）移开露点仪，立刻观察试样内表面有无结露或结霜，如无结露或结霜，露点温度记为 −60℃，如结露或结霜，将试样放置到完全无结露或结霜后，提高露点仪温度继续测量，每次提高 5℃，直至测量到 −40℃，记录试样最高的结露温度，该温度为试样的露点温度。

对于两腔中空玻璃露点测试应分别测试中空玻璃的两个表面。

露点测试时间 表 2.4-1

原片玻璃厚度/mm	接触时间/min	原片玻璃厚度/mm	接触时间/min
≤ 4	3	8	7
5	4	≥ 10	10
6	5		

2.4.11 耐紫外线辐射性能

2.4.11.1 试件准备

试样采用与制品材料相同、同一加工工艺下制造的尺寸为 510mm × 360mm 的平面试验片，数量为 2 块。两腔中空玻璃的试样为 4 块。

2.4.11.2 试验设备

采用尺寸为 560mm × 560mm × 560mm 的紫外线试验箱箱体，内装由紫铜板制成的直径为 150mm 的冷却盘两个，如图 2.4-14 所示。光源为功率 300W，在 315～380nm 波长范围内辐照强度 ≥ 40W/m² 的紫外灯。试验箱内温度控制在 (50 ± 3)℃。辐照温度达不到时更换紫外灯。

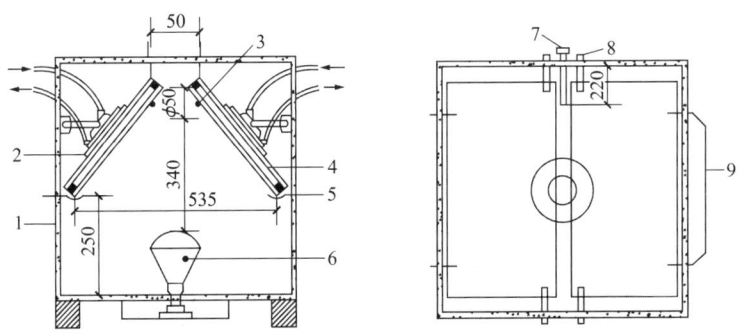

1—试验箱；2—冷却盘；3—定位钉；4—试样；5、8、9—支撑架；6—紫外灯；7—温度计

图 2.4-14 紫外线试验箱示意图

2.4.11.3　检测步骤

在试验箱内放 2 块试样，试样中心与光源相距 300mm，在每块试样表面各放置冷却盘，然后连续通水冷却，进口水温保持在(16±2)℃，冷却板进出口水温相差不得超过 2℃。连续照射 168h 后，将试样移出，散射光背景光照条件下（图 2.4-15）距试样 600mm 观察。如果观察到玻璃内表面出现冷凝现象，将试样放到(23±2)℃温度下存放一周，擦拭表面观察。

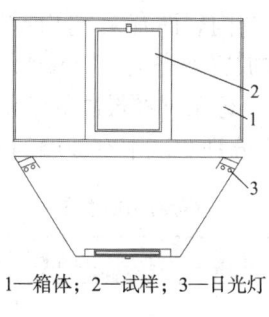

1—箱体；2—试样；3—日光灯

图 2.4-15　观察箱示意图

对于两腔中空玻璃，如果两腔的结构和材料相同，应先将试样分别拆成两个单腔中空玻璃，然后进行试验；如果两腔的结构或材料不同，应先将试样拆成不同的两组试样，然后分别进行试验。

2.4.12　水气密封耐久性能

2.4.12.1　试件准备

试样采用露点试验检验合格的试样，数量为 15 块（11 块试验、4 块备用）。

2.4.12.2　试验设备校准

采用能够提供下述两个阶段试验的试验箱。第 1 阶段：56 个循环，每 12h 为一个温度循环，温度从(−18±2)℃～(53±1)℃，升降温速为(14±2)℃/h；第 2 阶段：温度在(58±1)℃、相对湿度大于 95% 的环境温度保持 7 周。温度曲线如图 2.4-16、图 2.4-17 所示。

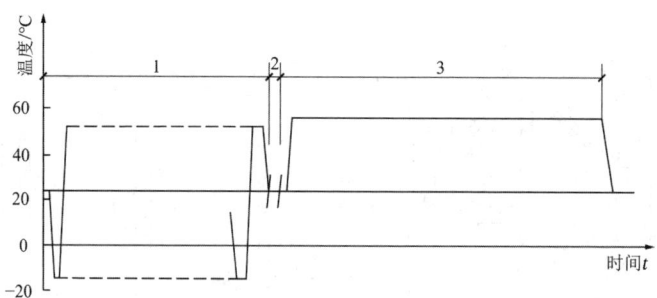

1—第 1 阶段高低温循环试验；2—使用两个试验箱时，将试样从第 1 阶段试验箱移到第 2 阶段试验箱的最大时间间隔为 4h；
3—第 2 阶段恒温恒湿试验

图 2.4-16　水气密封耐久性试验温度曲线

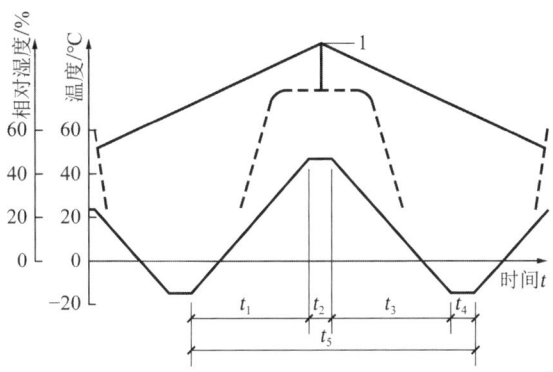

t_1—加热阶段（5h±1min）；t_2—保温阶段（1h±1min）；t_3—制冷阶段（5h±1min）；t_4—保温阶段（5h±1min）；
t_5——一个循环周期（12h）；1—试验箱温度大于23℃时（虚线范围内）相对湿度应 ≥95%

图 2.4-17　高低温循环阶段温度随时间以及湿度随时间的变化曲线

2.4.12.3　检测步骤

试样按露点温度由高到低的顺序编号，露点温度等于或低于−60℃时随机编号，对于两腔中空玻璃任取一面的露点温度排序，按表 2.4-2 的规定选择试样进行试验，表中试验内容按《中空玻璃》GB/T 11944—2012 中附录 D 进行测定。

加速耐久性试验的试样分配　　　　　　　　　　　　　　　　　表 2.4-2

试样编号	试验内容
7、8、9、10	干燥剂初始水分含量的测定
4、5、6、11、12	水气密封耐久性试验和干燥剂最终水分含量测定
2、3、13、14	备用试样
1、15	干燥剂标准水分含量的测定

2.4.13　初始气体含量

2.4.13.1　试件准备

3 块充气中空玻璃制品或 3 块未经水气密封耐久性试验的与制品相同材料、在同一工艺条件下制作的规格为 510mm × 360mm 的试样。

2.4.13.2　试验环境条件

试验在(23±2)℃，相对湿度 30%～75% 的环境中进行。试验前全部试样在该环境放置至少 24h。

2.4.13.3　试验设备及校准

顺磁性氧分析仪，仪器分辨率在 0.1%，精度应 ≤±1.0%（V/V）。其他符合要求的仪器也可使用。

试验前应对氧分析仪进行校准，校准分别使用已经确定氧气浓度的干燥空气和纯度为99.99% 以上的氮气或氩气。其他仪器在试验前也应进行校准。

2.4.13.4　检测步骤

（1）取气

试样竖直放置，用尖锥在试样中部将间隔框穿透，立即将排空气体的气密注射器穿过胶垫插入中空玻璃中，如图 2.4-18 所示，将中空腔中的气体抽入注射器，然后再把注射器里的气体推入中空腔，如此反复进行两次后，将 20mL 气体试样抽入注射器。

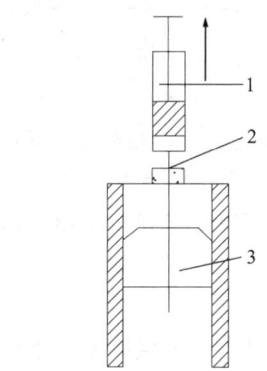

1—气密注射器；2—胶垫；3—中空玻璃间隔框

图 2.4-18　取气示意图

（2）测量

将取好气体试样的注射器插入仪器进气口，然后将气体缓慢注入分析仪，显示器数值稳定后即为测量结果。

两腔中空玻璃分别测量。

2.4.14　气体密封耐久性能

2.4.14.1　试件准备

4 块试样为与制品相间材料、在同一工艺条件下制作的尺为 510mm × 360mm 的中空玻璃（3 块试验、1 块备用）。

2.4.14.2　试验设备校准

符合 2.4.12.3 温度变化要求的试验箱和顺磁性氧分析仪。

2.4.14.3　检测步骤

将 3 块试样垂直放入试验箱，试样间的距离应不小于 15mm。试验过程中允许 1 块试样破坏，更换备份试样重新试验。试验首先按 2.4.12.3 第一阶段的试验方法，进行 28 个高低温循环试验，然后按第二阶段的试验方法进行 4 周的恒温恒湿试验。试验后将试样在温度(23 ± 2)℃，相对湿度30%～75%的环境中放置至少 24h，按 2.4.13 节测量气体含量。

两腔中空玻璃分别测量。

2.4.15　U值

中空玻璃 U 值按《中空玻璃稳态 U 值（传热系数）的计算及测定》GB/T 22476—2008

方法计算或测定。

2.4.16　可见光透射比

取 3 块试样，按《汽车安全玻璃试验方法　第 2 部分：光学性能试验》GB/T 5137.2—2020 中第 5 章的要求进行试验。

2.4.17　可见光反射比

取 3 块试样，按《汽车安全玻璃试验方法　第 2 部分：光学性能试验》GB/T 5137.2—2020 中第 8 章的要求进行试验。

2.4.18　抗风压性能

按《建筑玻璃均布静载模拟风压试验方法》GB/T 37825—2019 进行试验。

2.4.19　耐湿性

按《汽车安全玻璃试验方法　第 3 部分：耐辐照、高温、潮湿、燃烧和耐模拟气候试验》GB/T 5137.3—2020 中第 7 章的要求进行试验。

2.4.20　耐辐照试验

按《汽车安全玻璃试验方法　第 3 部分：耐辐照、高温、潮湿、燃烧和耐模拟气候试验》GB/T 5137.3—2020 中第 5 章的要求进行试验。

2.5　结果合格判定

2.5.1　检验项目

检验分为出厂检验和型式检验。出厂检验包括厚度及其偏差、外观质量、尺寸及其偏差、弯曲度、边部质量，其中中空玻璃还应包括露点、充气中空玻璃的初始气体含量，其他检验项目由供需双方商定。型式检验应包含 2.4 节中的所有检验内容。有以下情况之一时，应进行型式检验：

（1）首次生产或转厂生产时，产品的试制定型鉴定；
（2）原材料和工艺有较大变化，可能影响产品性能时；
（3）正常生产时，定期或积累一定产量后，应周期性进行一次检验；
（4）停产半年以上，恢复生产时；
（5）出厂检验结果与上次型式检验有较大差异时；
（6）国家质量监督机构提出型式检验的要求时。

2.5.2　组批与抽样规则

各产品尺寸和偏差、外观质量、弯曲度按表 2.5-1～表 2.5-3 进行随机抽样。

钢化玻璃、均质钢化玻璃抽样表　　　　　　　　　表 2.5-1

批量范围	抽检数	合格判定数	不合格判定数
1～8	2	1	2

批量范围	抽检数	合格判定数	不合格判定数
9～15	3	1	2
16～25	5	1	2
26～50	8	2	3
51～90	13	3	4
91～150	20	5	6
151～280	32	7	8
281～500	50	10	11
501～1000	80	14	15

对于产品所要求的其他技术性能，若用制品检验时，根据检测项目所要求的数量从该批产品中随机抽取；若用试样进行检验时，应采用同一工艺条件下制备的试样。当该批产品批量大于1000块时，以每1000块为1批分批抽取试样，当检验项目为非破坏性试验时可用它继续进行其他项目的检测。

中空玻璃抽样表　　　　　　　　　　　　　表2.5-2

批量范围	抽检数	合格判定数	不合格判定数
2～8	2	0	1
9～15	3	0	1
16～25	5	1	2
26～50	8	1	2
51～90	13	2	3
91～150	20	3	4
151～280	32	5	6
281～500	50	7	8

夹层玻璃抽样表　　　　　　　　　　　　　表2.5-3

批量范围	抽检数	合格判定数	不合格判定数
2～8	2	0	1
9～15	3	0	1
16～25	5	1	2
26～50	8	2	3
51～90	13	3	4
91～150	20	5	6
151～280	32	7	8
281～500	50	10	11

对于产品所要求的其他技术性能，若用制品检验时，根据检测项目所要求的数量从该批产品中随机抽取；若用试样进行检验时，应采用同一工艺条件下制备的试样。当该批产品批量大于500块时，以每500块为1批分批抽取试样，当检验项目为非破坏性试验时可用其继续进行其他项目的检测。

2.5.3 判定规则

2.5.3.1 钢化玻璃、均质钢化玻璃

若不合格品数等于或大于表 2.5-1 的不合格判定数,则认为该批产品外观质量、尺寸偏差、弯曲度不合格。其他性能也应符合相应条款的规定,否则,认为该项不合格。均质钢化玻璃进行弯曲强度(四点弯法)试验时,样品全部满足要求时,该项目合格。

若上述各项中有 1 项不合格,则认为该批产品不合格。

2.5.3.2 中空玻璃

(1)外观质量、尺寸偏差

若不合格品数等于或大于表 2.5-2 的不合格判定数,则认为该批产品的外观质量、尺寸偏差不合格。

(2)露点

取 15 块试样进行露点检测,全部合格,该项性能合格。

(3)耐紫外线辐照

取 2 块试样进行耐紫外线辐照试验,2 块试样均合格,该项性能合格。

(4)水气密封耐久性能

取 5 块试样进行水气密耐久性试验,水分渗透指数均合格,该项性能合格。

(5)初始气体含量

取 3 块试样进行初始气体含量试验,3 试样均合格,该项性能合格。

(6)气体密封耐久性能

取 3 块试样进行气体密封耐久性试验,3 块试样均合格,该项性能合格。

型式检验时,若上述各项有一项不合格,则认为该批产品不合格。出厂检验时,若出厂检验项目有一项不合格,则认为该批产品不合格。

2.5.3.3 夹胶玻璃

(1)尺寸允许偏差、外观质量、弯曲度

该三项的不合格品数如大于或等于表 2.5-3 的不合格判定数,则认为该批产品外观质量、尺寸偏差和弯曲度不合格。

(2)可见光透射比、可见光反射比

取 3 块试样进行试验。3 块试样全部符合要求时为合格,1 块符合时为不合格。当 2 块试样符合时,追加 3 块新试样重新进行试验,3 块全部符合要求时为合格。

(3)抗风压性能

根据《建筑玻璃均布静载模拟风压试验方法》GB/T 37825—2019 规定的抽样规则和试验结果判定方法进行判定。

(4)耐热性、耐湿性、耐辐照性

取 3 块试样进行试验。3 块试样全部符合要求时为合格,1 块符合时为不合格。当 2 块试样符合时,追加 3 块新试样重新进行试验,3 块全部符合要求时为合格。

（5）落球冲击剥离性能

取 6 块试样进行试验。当 5 块或 5 块以上符合时为合格，3 块或 3 块以下符合时为不合格。当 4 块试样符合时，追加 6 块新试样重新进行试验，6 块全部符合时为合格。

（6）霰弹袋冲击性能

安全夹层玻璃霰弹袋冲击性能达到Ⅲ级或更高级别时，霰弹冲击性能为合格。如果 1 组试样在冲击高度为 300mm 时，冲击后任何试样非安全破坏，即认定安全夹层玻璃霰弹袋冲击性能不合格。

上述各项中，有一项不合格，则认为该批产品不合格。

2.6 实例

某工程位于广东省湛江市，该项目依据《建筑用安全玻璃 第 2 部分：钢化玻璃》GB 15763.2—2005、《建筑用安全玻璃 第 3 部分：夹层玻璃》GB 15763.3—2009、《玻璃应力测试方法》GB/T 18144—2008 等相关规范，对 23 块钢化夹胶中空玻璃进行尺寸及其偏差、厚度及其偏差、外观质量、弯曲度、碎片状态、表面应力、抗冲击性能、霰弹袋冲击性能、落球冲击剥离性能、夹层材质进行检验，样品信息及检验结论见表 2.6-1，检验结果见附录2，检验照片及示意图见图 2.6-1、图 2.6-2。

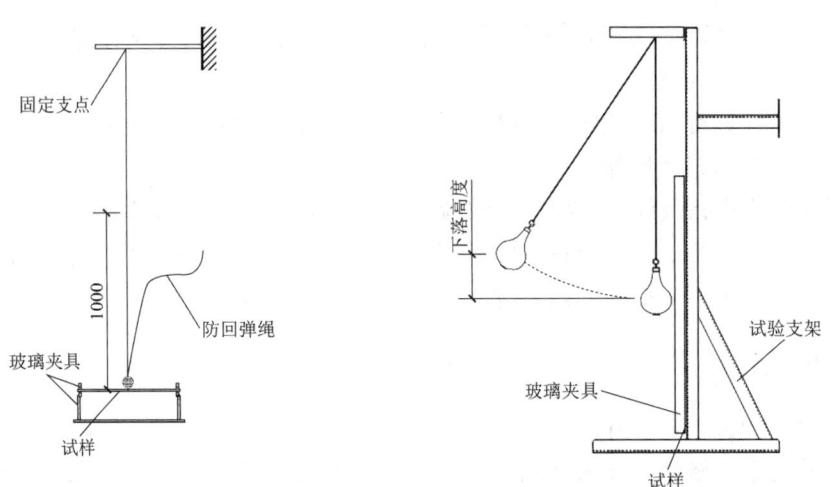

图 2.6-1 抗冲击性能检验板块撞击点示意图　图 2.6-2 霰弹袋冲击性能检验板块撞击点示意图

样品信息及检验结论　　　　　　　　　　　　　　　　　　　　　　　　表 2.6-1

检验依据	《建筑用安全玻璃 第 2 部分：钢化玻璃》GB 15763.2—2005 《建筑用安全玻璃 第 3 部分：夹层玻璃》GB 15763.3—2009 《玻璃应力测试方法》GB/T 18144—2008
检验项目	尺寸检验、厚度检验、外观质量、弯曲度、碎片状态、表面应力、抗冲击性能、霰弹袋冲击性能、落球冲击剥离性能、夹层材质
检验仪器	钢卷尺、钢球（1040g）、钢球（2260g）、钢直尺、塞尺、外径千分尺、落锤、玻璃测试系统、霰弹袋、应力仪、读数显微镜、电子天平、微机控制电子式万能试验机、橡胶硬度计（邵氏硬度计）

样品信息	种类规格：钢化夹胶中空玻璃厚度：（6 + 1.52SGP + 6 + 12A + 6）mm，总厚度：31.52mm；中间层材质：SGP； 长×宽：610mm×610mm，数量：19 块，试件编号：1～19 长×宽：1930mm×864mm，数量：4 块，试件编号：20～23
检验结论	抗冲击性能、碎片状态、表面应力均符合《建筑用安全玻璃 第 2 部分：钢化玻璃》GB 15763.2—2005 标准要求。 尺寸及偏差、厚度及偏差、外观质量、弯曲度、霰弹袋冲击性能、落球冲击剥离性能均符合《建筑用安全玻璃 第 3 部分：夹层玻璃》GB 15763.3—2009 标准要求。 中间层材质 SGP：邵氏硬度：81shore A，拉伸强度：23.8MPa

2.7 检验报告

参见附录 3。

第3章

建筑幕墙物理性能检测

3.1 简述

幕墙约在 170 年前（19 世纪中叶）就已在建筑工程中使用，由于受当时材料和加工工艺的局限，幕墙达不到绝对水密性、气密性、抵抗各种自然外力的侵袭（如风、地震、气温）、热物理因素（热辐射、结露）、隔声和防火等要求，一直得不到很好的发展及推广。我国建筑幕墙行业从 1983 年开始起步，四十年来建筑材料及加工工艺的迅速发展，各种类型的建筑材料研制成功，如各种密封胶的发明及其他隔声、防火填充材料的出现，很好地解决了建筑外围护对幕墙的指标要求，并逐渐成为当代外墙建筑装饰新潮流。

目前，幕墙不仅广泛用于各种建筑物的外立面，还应用于各种功能的建筑内饰，如通信机房、电视演播室、航空港（机场）、火车站、体育馆、博物馆、文化中心、大酒店和大型商场等。

3.1.1 幕墙按种类和安装形式分类

建筑幕墙按种类和安装形式分类，如图 3.1-1 所示。

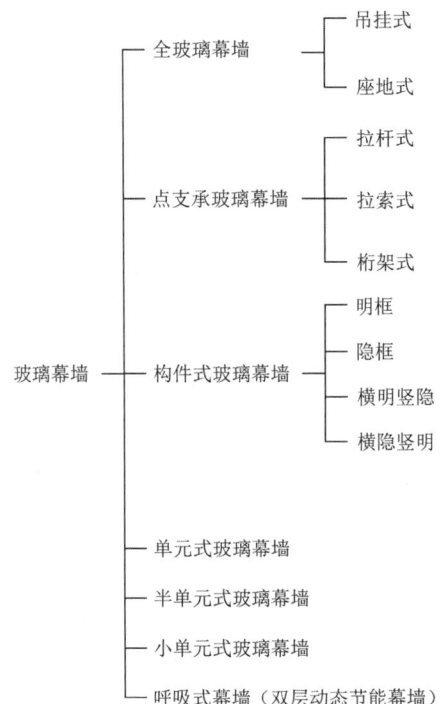

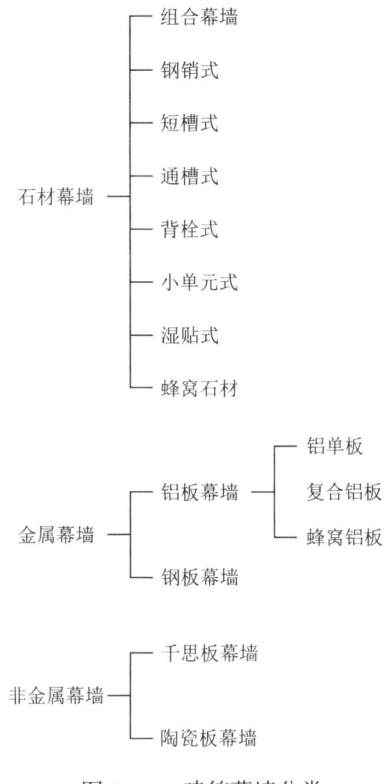

图 3.1-1　建筑幕墙分类

3.1.2　常用规范

幕墙物理性能检测常用规范：

《建筑幕墙》GB/T 21086—2007

《建筑幕墙气密、水密、抗风压性能检测方法》GB/T 15227—2019

《建筑幕墙层间变形性能分级及检测方法》GB/T 18250—2015

《建筑幕墙耐撞击性能分级及检测方法》GB/T 38264—2019

《建筑幕墙热循环和结露检测方法》GB/T 43496—2023

3.1.3　测试前准备工作

1）抽样方法

试件抽样方法采用送样方式。试件规格、型号和材料等应与生产厂家所提供的图样一致，试件的安装应符合设计要求，不得加设任何特殊附件或采取其他措施，试件应干燥。试件宽度至少应包括一个承受设计荷载的垂直构件。试件高度至少应包括一个层高，并在垂直方向上应有两处或两处以上与承重结构连接，试件组装和安装的受力状况与实际情况相符。按照广州市质监站文件要求，幕墙宽度必须取 3 个横向分格作为试件宽度。单元式幕墙应至少包括一个与实际工程相符的典型十字缝，并有一个完整单元的四边形成与实际工程相同的接缝。单元式幕墙试件宜取 2 层或者 2 层以上高度作为试件高度。试件应包括典型的垂直接缝、水平接缝和可开启部分，并使试件上可开启部分占试件总面积的比例与实际工程接近。

穗建质监字〔2010〕132 号文规定如下：

幕墙工程在安装之前，应要求施工单位对抗风压性能、气密性能、水密性能和平面变形性能等性能（简称"四性"）的检测制订相关的检测方案，检测方案应报站备案后方可实施。检测方案应满足如下要求：

（1）当幕墙面积大于 300m² 时，或者处于临街、人流比较密集的场所，不同形式、不同构造或不同材质的幕墙应分别单独进行"四性"试验。

（2）同种构造、形式、材质的幕墙工程"四性"试验荷载应按施工图设计文件取最不利荷载组合进行试验。

（3）幕墙"四性"试验取样单元应满足 GB/T 15227—2019 的要求。抗风压试验试件宽度应至少包含三个完整的分格单元，竖向至少包含一个完整的层高。

（4）检测试件的材质、构造、安装施工方法应与实际工程相同，且符合标准、规范对试件的要求，试件安装应由幕墙施工单位自行安装，检测单位不得代其安装。

2）测试前工作

检测员先根据委托方提供的四性试验图对试件进行检查，核对试件大样尺寸、试件开启部位、开启形式、面板厚度、主杆型材尺寸，幕墙连接形式，连接件间距离是否与图纸一致，然后检查箱体各处密封情况，并确保仪器设备处于正常工作状态。

3.2 气密性能

气密性概念，建筑幕墙气密性指幕墙可开启部位在正常关闭状态、室内外压差作用下空气通过量的大小。通风换气也是建筑幕墙的主要功能之一，幕墙本身具有开启部位，打开时进行室内外空气对流，但在关闭时开启缝隙不是绝对密闭的，另外型材的拼接缝隙、玻璃镶嵌缝隙都会产生渗漏。在广州地区，各工程项目有节能备案表，可对应查得项目设计要求的气密性能指标值，气密性能检测又分为定级检测和工程检测。

3.2.1 检测步骤

定级检测和工程检测加压顺序分别见图 3.2-1 和图 3.2-2。

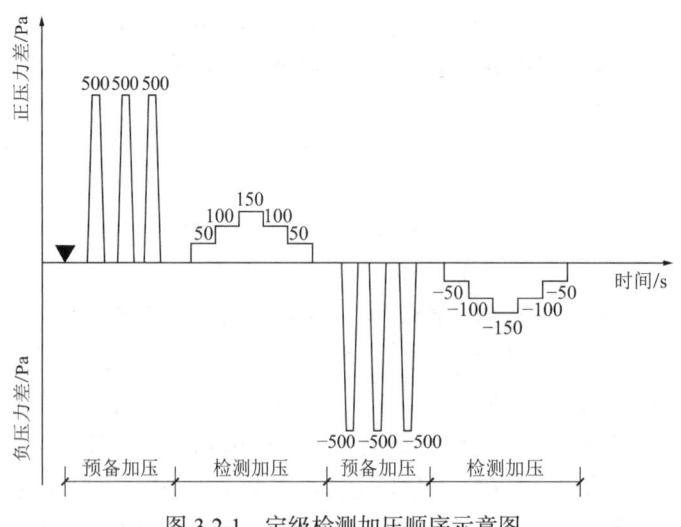

图 3.2-1　定级检测加压顺序示意图

注：图中符号▼表示将试件的可开启部分启闭不少于 5 次。

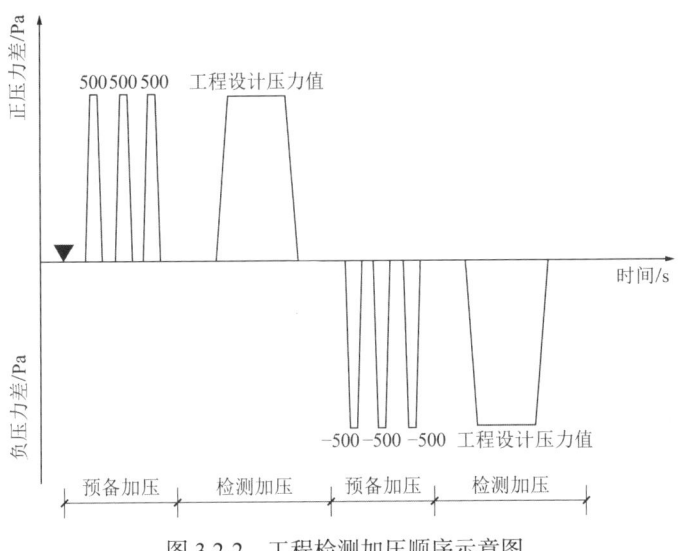

图 3.2-2　工程检测加压顺序示意图

注：图中符号▼表示将试件的可开启部分启闭不少于 5 次。

检测步骤如下：

（1）加压前，检查幕墙试件是否符合设计要求，并将可开启部分开关（如有）不少于 5 次，后关紧。

（2）预备加压

在正负压检测前分别施加三个压力脉冲。压力差绝对值为 500Pa，持续时间不少于 3s，泄压时间不少于 1s，加压速度宜为 100Pa/s。然后待压力回零后开始进行检测。

（3）附加渗透量的测定

充分密封试件上的镶嵌缝隙，或用不透气的材料将箱体开口部分密封，一般可以参考使用透明厚薄膜将此部分密封，见图 3.2-3。然后按照检测项目选择定级检测或工程检测，并按相应加压示意图进行逐级加压，每级压力作用时间应大于 10s，先逐级加正压，后逐级加负压。记录各级的检测值。

图 3.2-3　某工程气密性能检测（开启部分使用不透气材料进行密封）

（4）固定部分空气渗透量 q_g 的测定

将试件上的可开启部分的开启缝隙密封起来后进行检测。检测程序同上。

（5）总渗透量的测定

去除试件上所加密封措施后进行检测。检测程序同上。

3.2.2 数据处理

3.2.2.1 定级检测数据处理

分别计算出正压检测升压和降压过程中在 100Pa 压力差下的两次附加渗透量检测值的平均值 q_f、两次总渗透量检测值的平均值 q_z，两次固定部分渗透量检测值的平均值 q_g，则 100Pa 压力差下整体幕墙试件（含可开启部分）的空气渗透量 q_t 和可开启部分空气渗透量 q_k，按式(3.2-1)和式(3.2-2)计算：

$$q_t = \overline{q}_z - \overline{q}_f \tag{3.2-1}$$

$$q_k = q_t - \overline{q}_g \tag{3.2-2}$$

式中：q_z——两次总渗透量检测值的平均值；

q_f——两次附加渗透量检测值的平均值；

q_g——两次固定部分渗透量检测值的平均值；

q_t——整体幕墙试件（含可开启部分）的空气渗透量；

q_k——试件可开启部分空气渗透量值（m³/h）。

利用式(3.2-3)和式(3.2-4)将 q_t 和 q_k 分别换算成标准状态的渗透量值 q_1 和 q_2。

$$q_1 = \frac{293}{101.3} \times \frac{q_t \cdot P}{T} \tag{3.2-3}$$

$$q_2 = \frac{293}{101.3} \times \frac{q_k \cdot P}{T} \tag{3.2-4}$$

式中：q_1——标准状态下通过试件空气渗透量值（m³/h）；

q_2——标准状态下通过试件可开启部分空气渗透量值（m³/h）；

P——实验室气压值（kPa）；

T——实验室空气温度值（K）。

将 q_1 值除以试件总面积 A，即可得出在 100Pa 下，单位面积的空气渗透量 q_1' 值，即：

$$q_1' = \frac{q_1}{A} \tag{3.2-5}$$

式中：q_1'——在 100Pa 下，单位面积的空气渗透量 [m³/(m²·h)]；

A——试件总面积（m²）。

将 q_2 值除以试件可开启部分开启缝长 l，即可得出在 100Pa 下，可开启部分单位开启缝长的空气渗透量 q_2' 值，即：

$$q_2' = \frac{q_2}{l} \tag{3.2-6}$$

式中：q_2'——在 100Pa 下，可开启部分单位缝长的空气渗透量 [m³/(m²·h)]；

l——试件可开启部分开启缝长（m）。

负压检测时的结果，也采用同样的方法，分别按式(3.2-1)~式(3.2-6)进行计算。

采用由 100Pa 检测压力差下的计算值 $\pm q_1'$ 或 $\pm q_2'$，按式(3.2-7)或式(3.2-8)换算为 10Pa 压力差下的相应值 $\pm q_A$ 或 $\pm q_l$。以试件的 $\pm q_A$ 和 $\pm q_l$ 值确定按面积和按缝长各自所属的级别，取最不利的级别定级。

$$\pm q_{A} = \frac{\pm q_{1}'}{4.65} \tag{3.2-7}$$

$$\pm q_{1} = \frac{\pm q_{2}'}{4.65} \tag{3.2-8}$$

式中： q_1'——100Pa 压力差作用下试件单位面积空气渗透量值 $[m^3/(m^2 \cdot h)]$；

$\qquad q_A$——10Pa 压力差作用下试件单位面积空气渗透量值 $[m^3/(m^2 \cdot h)]$；

$\qquad q_2'$——100Pa 压力差作用下单位开启缝长空气渗透量值 $[m^3/(m^2 \cdot h)]$；

$\qquad q_1$——10Pa 压力差作用下单位开启缝长空气渗透量值 $[m^3/(m^2 \cdot h)]$。

3.2.2.2 工程检测数据处理

在一般情况下，幕墙工程项目的气密性能均参考《建筑幕墙》GB/T 21086—2007、《建筑幕墙、门窗通用技术条件》GB/T 31433—2015 规范进行结果等级评定，设计没有提出具体设计压力值时，按照检测 100Pa 压力差作用下的空气渗透量值，然后按式(3.2-1)～式(3.2-8)进行数据处理，再评定等级。

3.3 水密性能

幕墙水密性能是指可开启部分处于关闭状态，在风雨同时作用下，阻止雨水渗漏的能力。水密性能所体现的是幕墙整体防雨水能力，包括开启部分与固定部分。一般情况下，当风雨来临时，建筑幕墙开启窗会关闭，所以进行水密性能测试时，试件可开启部分也应处于关闭状态。"风雨同时作用"模拟的是最常见的自然环境，雨水在风作用下进入幕墙节点构造内部的可能性会增加，特别是热带风暴和台风多发地区，这对幕墙密封防水能力无疑是个挑战。

3.3.1 检测步骤

水密性能检测分为稳定加压法检测和波动加压法检测，加压顺序如图 3.3-1 和图 3.3-2 所示。

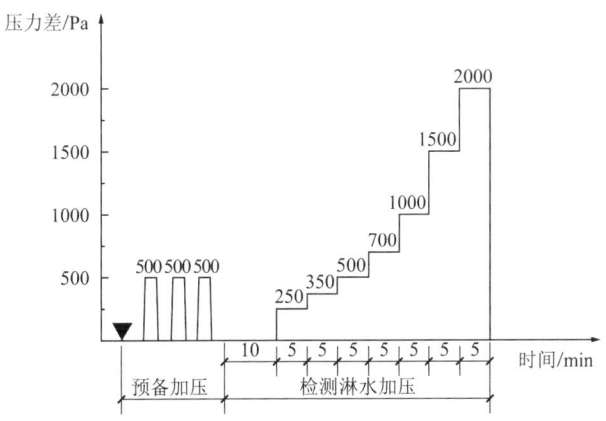

图 3.3-1　稳定加压顺序示意图

注：图中符号▼表示将试件的可开启部分启闭不少于 5 次。

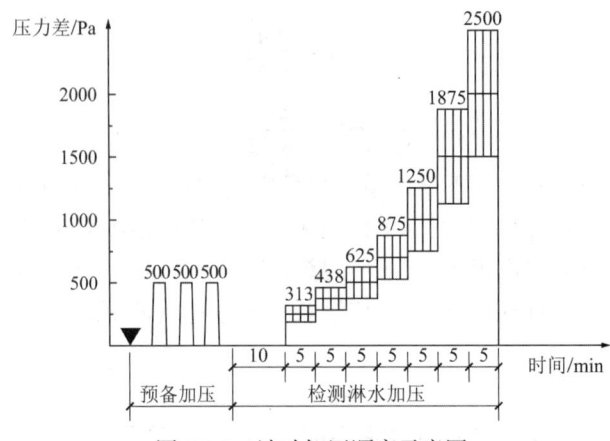

图 3.3-2　波动加压顺序示意图

注：图中符号▼表示将试件的可开启部分启闭不少于 5 次。

检测步骤如下：

（1）试件安装完毕后应进行检查，符合设计要求后方可进行下一步。检测前应将试件可开启部分启闭不少于 5 次，最后关紧，同时要确定检测项目工程所在地是否属于热带风暴和台风多发地区。工程所在地属于第ⅣA 地区的为热带风暴和台风地区，检测采用波动加压法。其他地区采用稳定加压法（注：水密性能最大检测压力峰值应不大于抗风压安全检测压力值）。

（2）加压前，先施加三个压力脉冲，压力差值为 500Pa。加载速度约为 100Pa/s，压力稳定作用时间为 3s，泄压时间不少于 1s。

（3）对整个幕墙试件均匀地淋水，稳定加压法淋水量为 3L/(m²·min)，波动加压法淋水量为 4L/(m²·min)，两种检测方法均应先进行 10min 预喷淋，此时压力差为零。预喷淋结束后，根据设计要求施加稳定压力或波动压力，其中波动压力以水密性能指标为压力平均值，波幅为压力平均值的 1/4，波动周期为 3～5s。

幕墙水密性能指标按如下方法确定：

（1）根据《建筑气候区划标准》GB 50178—1993，ⅢA 和ⅣA 地区，即热带风暴和台风多发地区按式(3.3-1)计算，且固定部分不宜小于 1000Pa，可开启部分与固定部分同级。

$$P = 1000\mu_z\mu_c w_0 \tag{3.3-1}$$

式中：P——水密性能指标；

　　　μ_z——风压高度变化系数；

　　　μ_c——风力系数，可取 1.2；

　　　w_0——基本风压。

（2）其他地区可按（1）中计算值的 75% 进行设计，且固定部分取值不宜低于 700Pa。

定级检测时，逐级加压至幕墙固定部位出现严重渗漏为止，每级加压时间为 5min。工程检测时，首先加压至可开启部分水密性能指标值，压力作用时间为 15min 或幕墙可开启部分产生严重渗漏为止，接着再加压至幕墙固定部分水密性能指标值，压力作用时间为 15min 或幕墙固定部分产生严重渗漏为止；无任何开启部分的幕墙试件压力作用时间为 30min 或产生严重渗漏为止。在实际工程检测过程中，检测方应当在箱体内各关键节点处布置摄像头或安排检测人员进入箱体观察喷淋过程。当发现渗漏情况，应及时通知控制室人员卸压，并对发生渗漏部分进行详细记录。

在逐级升压及持续作用过程中，观察并参照表 3.3-1 记录渗漏状态及部位。图 3.3-3 为某项目幕墙试件进行水密性能工程检测。

渗漏状态符号表　　　　　　　　　　　　　　　　　　表 3.3-1

序号	渗漏状态	符号
1	试件内侧出现水滴	○
2	水珠连成线，但未渗出试件界面	□
3	局部少量喷溅	△
4	持续喷溅出试件界面	▲
5	持续流出试件界面	●

注　1. 后两项为严重渗漏。
　　2. 稳定加压和波动加压检测结果均采用此表。

定级检测以未发生严重渗漏时的最高压力差值进行评定，若幕墙水密性能检测过程中未发生严重渗漏，则检测中的最高压力差值即为分级指标值；若幕墙在某级压力差下出现严重渗漏，则前一级压力差值即为分级指标值。对于工程检测，幕墙可开启部分和固定部分都有对应的水密性能设计指标值，评定依据以是否达到设计指标值为准。

图 3.3-3　幕墙水密性能检测

3.4　抗风压性能

风荷载是垂直于幕墙平面的水平活荷载，往往起控制性作用，通过抗风压性能检测可以判定幕墙试件的强度与刚度是否满足设计要求。抗风压性能指在风压作用下，幕墙试件主要受力构件变形不超过允许值且不发生结构性损坏及功能障碍，结构性损坏包括裂缝、面板破损、连接破坏、粘结破坏等，功能性障碍包括五金件松动、启闭困难等。

3.4.1 幕墙风荷载计算

幕墙属于薄壁外围护构件，根据《工程结构通用规范》GB 55001—2021 第 4.6 节，及《建筑结构荷载规范》GB 50009—2012 第 8 章，计算围护结构风荷载时，应按式(3.4-1)、式(3.4-2)计算，且结果不小于 1.0kN/m^2：

$$w_k = \beta_w \times \mu_{sl} \times \mu_z \times \eta_w \times \psi_w \times w_0 \tag{3.4-1}$$

$$\beta_w = 1 + \frac{0.7}{\sqrt{\mu_z}} \tag{3.4-2}$$

式中：w_k——作用在幕墙上的风荷载标准值（kN/m^2）；

β_w——围护结构的风荷载放大系数，按式(3.4-2)计算；

μ_{sl}——风荷载局部体型系数，按《建筑结构荷载规范》GB 50009—2012 的规定采用；

μ_z——风压高度变化系数，按《建筑结构荷载规范》GB 50009—2012 的规定采用；

根据不同场地类型，查 GB 50009—2012 表 8.2.1，或按以下公式计算：

A 类场地：$\mu_z = 1.284 \times \left(\frac{z}{10}\right)^{0.24}$

B 类场地：$\mu_z = 1.000 \times \left(\frac{z}{10}\right)^{0.30}$

C 类场地：$\mu_z = 0.544 \times \left(\frac{z}{10}\right)^{0.44}$

D 类场地：$\mu_z = 0.262 \times \left(\frac{z}{10}\right)^{0.60}$

η_w——地形修正系数，按 GB 55001—2021 第 4.6.6 条规定取值；

ψ_w——风向影响系数，按 GB 55001—2021 第 4.6.7 条规定取值；

w_0——50 年重现期的基本风压，不得小于 0.3kN/m^2。

3.4.2 检测前准备

试件安装完毕后应进行检查，符合设计图样要求后方可进行检测。检测前应将试件可开启部分启闭不少于 5 次，最后关紧。安装位移测量装置时应确保位移计的安装支架牢固可靠，且数据采集不受试件及支承框架的变形、移动所影响。位移计宜安装在构件的支承处和较大位移处，测点布置要求如下：

（1）简支梁形式的杆件测点布置见图 3.4-1，两端的位移计应靠近支承点，中间的位移计宜布置在两端位移计的中间点；一般测点布置选取为一组受力构件（立柱和横梁各一条）、一处面板（面积最大）。当由多种型号组成的主杆型材或不同厚度玻璃面板构成幕墙试件时，应该分别布置测点。

（2）单元式幕墙采用插接式受力杆件且单元高度为一个层高时，宜同时检测相邻板块的杆件变形，取变形大者为检测结果；当单元板块较大时其内部的受力杆件也应布置测点；在非平面形状幕墙检测过程中，除了大面部分需要布置位移计，转角区域也需要布置位移计。有需要时，在连接件位置处也布置位移计，观察记录试件的整体变形情况。

（3）全玻璃幕墙玻璃板块应按照支承于玻璃肋的单向简支板检测跨中变形；玻璃肋按照简支梁检测变形。

（4）点支承幕墙支承结构应分别测试结构支承点和挠度最大节点的位移，多于一个承受荷载的受力杆件时可分别取检测变形大者为检测结果；支承结构采用双向受力体系时应分别检测两个方向上的变形，点支承幕墙还应检测面板的变形，测点应布置在支点跨距较长方向玻璃上。

（5）点支承玻璃幕墙支承结构的结构静力试验应取一个完整跨度的支承单元，支承单元的结构应与实际工程相同，张拉索杆体系的预张拉力应与设计值相符；在玻璃支承装置位置同步施加与风荷载方向一致且大小相同的荷载，测试各个玻璃支承点的变形。

（6）双层幕墙内外层分别布置测点。

（7）其他类型幕墙的受力支承构件根据有关标准规范的技术要求或设计要求确定。

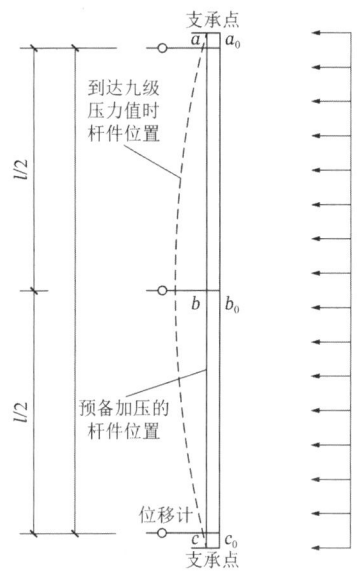

图 3.4-1 简支梁形式杆件测点分布示意图

3.4.3 检测步骤

抗风压性能检测可分为定级检测和工程检测，加压顺序如图 3.4-2 所示。

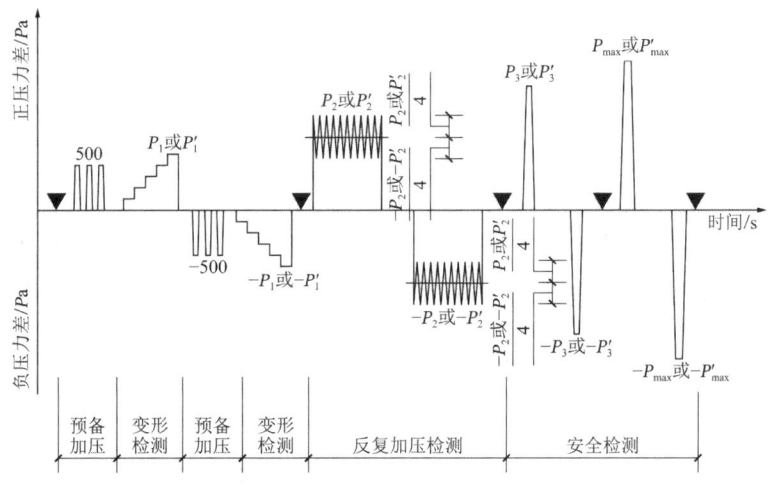

图 3.4-2 抗风压性能检测加压顺序示意图

注：图中符号▼表示将试件的可开启部分启闭不少于 5 次。

（1）预备加压

在正负压检测前分别施加三个压力脉冲。压力差绝对值为 500Pa，加压速度为 100Pa/s，持续时间为 3s，待压力回零后开始进行检测。

（2）变形检测

定级检测时压力分级升降。每级升、降压力不超过 250Pa，加压级数不少于 4 级，每级压力持续时间不应少于 10s。压力的升、降直到任一受力构件的相对面法线挠度值达到 $f_0/2.5$ 或最大检测压力达到 2000Pa 时停止检测，记录每级压力差作用下各个测点的面法线位移量，并计算每级压力差面法线挠度值 f_{max}。受力杆件采用线性方法计算出面法线挠度对应于 $f_0/2.5$ 时的压力值 $\pm P_1$。玻璃面板采用实测的方法得出 $\pm P_1$。以正负压检测中所检压力差绝对值的较小值作为 P_1 值。

工程检测时压力分级升降。每级升、降压力不超过风荷载标准值的 10%，每级压力作用时间不少于 10s。压力的升、降达到检测压力 P_1'（风荷载标准值的 40%）时停止检测，记录每级压力差作用下各个测点的面法线位移量。

（3）反复加压检测

变形检测未出现功能障碍或损坏时，应进行反复加压检测。检测前，应将试件可开启部分启闭不少于 5 次，最后关紧。以检测压力 P_2（$P_2 = 1.5P_1$）或 P_2'（风荷载标准值的 60%）为平均值，以平均值的 1/4 为波幅，进行波动检测，先后进行正负压检测。波动压力周期为 5～7s，波动次数不少于 10 次。记录反复检测压力值 $\pm P_2$ 或 $\pm P_2'$。

（4）安全检测（风荷载标准值及设计值）

当反复加压检测未出现功能障碍或损坏时，应进行安全检测。正压前和负压后将试件可开启部分启闭不少于 5 次，最后关紧。升、降压速度为 300～500Pa/s，压力持续时间不少于 3s。

定级检测应将检测压力升至 P_3（$P_3 = 2.5P_1$），随后降至零，再降到 $-P_3$，然后升至零，记录面法线位移量。如试件未出现功能障碍或损坏，但主要构件相对面法线挠度（角位移值）超过允许挠度，则应降低检测压力，直至主要构件相对面法线挠度（角位移值）在允许挠度范围内，以此压力差作为 $\pm P_3$ 值。

工程检测应将检测压力升至 P_3'（风荷载标准值），随后降至零，再降到 $-P_3'$，然后升至零，记录面法线位移量。

P_3 或 P_3' 检测后，若试件未出现损坏和功能障碍时，且主要构件相对面法线挠度（角位移值）未超过允许挠度时，应进行 P_{max} 或 P_{max}' 检测。使检测压力升至 P_{max}（$P_{max} = 1.4P_3$）或 P_{max}'（$P_{max}' = 1.4P_3$），随后降至零，再降到 $-P_{max}$ 或 $-P_{max}'$，然后升至零。升、降压速度为 300～500Pa/s，压力持续时间不少于 3s。将试件可开启部分启闭 5 次，最后关紧，观察并记录试件的损坏情况或功能障碍情况。根据《建筑结构可靠性设计统一标准》GB 50068—2018 规范要求，风荷载设计值应按 1.5 倍标准值计算。对于工程检测，检测单位宜建议委托单位按 1.5 倍风荷载标准值进行检测。

（5）受力构件挠度计算

边支承三角形玻璃面板面法线挠度按(3.4-3)计算：

$$f_{max} = (d - d_0) - \frac{(a - a_0) + (b - b_0) + (c - c_0)}{3} \tag{3.4-3}$$

式中：　　　　f_{max}——面法线挠度（mm）;

a_0、b_0、c_0、d_0——各测点在预备加压后的稳定初始读数（mm）；

a、b、c、d——各测点在某级检测压力下的读数（mm）。

其他构件面法线挠度计算按式(3.4-4)计算：

$$f_{\max} = (b - b_0) - \frac{(a - a_0) + (c - c_0)}{2} \tag{3.4-4}$$

式中：$f_{\max}$——面法线挠度（mm）；

a_0、b_0、$c_0^{'}$——各测点在预备加压后的稳定初始读数（mm）；

a、b、c——各测点在某级检测压力下的读数（mm）。

（6）检测结果评定

对于定级检测，变形检测的评定应注明相对面法线挠度达到 $f_0/2.5$ 时的压力差值 $\pm P_1$。反复加压检测试件未出现功能障碍和损坏时，注明 $\pm P_2$ 值，否则以变形检测得到的 P_1 值作为安全检测压力 $\pm P_3$ 值进行评定。P_3 检测时，试件未出现功能障碍和损坏，且主要构件相对面法线挠度（角位移值）未超过允许挠度，注明 $\pm P_3$ 值，否则以试件出现功能障碍或损坏所对应的压力差值的前一级压力差值作为 $\pm P_3$ 值，按 $\pm P_3/1.4$ 中绝对值较小者进行定级。$P_{\max}$ 检测时，试件未出现功能障碍或损坏时，注明正、负压力差值，按 $\pm P_3$ 中绝对值较小者定级，否则按 $\pm P_3/1.4$ 中绝对值较小者进行定级。

对于工程检测，变形检测和反复加压检测后试件不应出现功能障碍和损坏，否则应判为不满足工程使用要求。风荷载标准值作用下对应的相对面法线挠度未超过允许相对面法线挠度 f_0，且检测时未出现功能性障碍和损坏，应判为满足工程使用要求，否则应判为不满足工程使用要求。在风荷载设计值作用下，试件不应出现功能障碍和损坏，否则应判为不满足工程使用要求。

3.5 层间变形性能

层间变形指在地震、风荷载等作用下，建筑物相邻两个楼层间在幕墙平面内水平方向（X 轴）、平面外水平方向（Y 轴，垂直于 X 方向）和垂直方向（Z 轴）的相对位移。X 轴、Y 轴、Z 轴方向见图 3.5-1。

幕墙层间变形性能则是指在建筑主体结构发生反复层间位移时，幕墙保持其自身及与主体连接部位不发生损坏及功能障碍的能力。

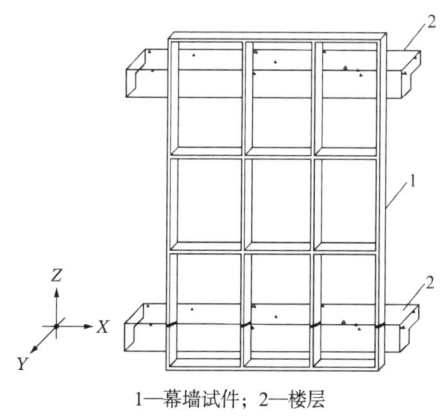

1—幕墙试件；2—楼层

图 3.5-1 X 轴、Y 轴、Z 轴方向示意图

3.5.1 一般规定

单楼层及两个楼层高度的幕墙试件，可根据检测需要选取连续平行四边形法或层间变形法进行加载；两个楼层以上高度的幕墙试件，宜选用连续平行四边形法进行加载。当采用层间变形法时，应选取最不利的两个相邻楼层进行检测。仲裁检测应采用连续平行四边形法进行加载。

通过静力加载装置，模拟主体结构受地震、风荷载等作用时产生的 X 轴、Y 轴、Z 轴位移变形，使幕墙试件产生低周反复运动，以检测幕墙对层间变形的承受能力，如图 3.5-2 所示。

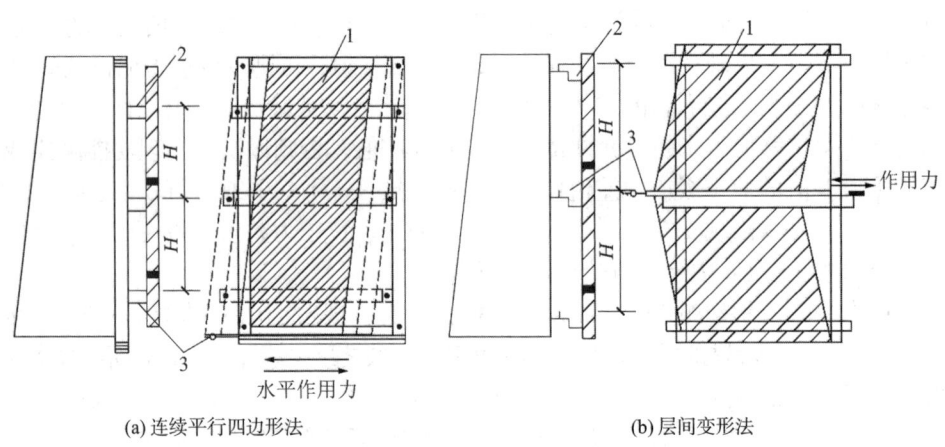

(a) 连续平行四边形法   (b) 层间变形法

1—幕墙试件；2—连接角码；3—位移测量装置

图 3.5-2 层间变形性能检测示意图

3.5.2 检测前装备

试件安装完毕后应进行检查。检查完毕后将试件的可开启部分开关五次后关紧；

检查确认摆杆或活动梁在沿位移方向行程内不受约束，同时应在行程外有相应限位措施，以确保摆杆或活动梁在该方向移动时不产生其他方向的位移；

根据所选取的加载方式安装试验静力加载装置。加载装置的布置应合理，确保所产生位移的有效性。

3.5.3 检测步骤

3.5.3.1 预加载

对于工程检测，层间位移角取工程设计指标的 50%；对于定级检测，层间位移角取 $L/800$。推动摆杆或活动梁沿 X 轴维度做一个周期的左右相对移动。当幕墙的连接角码与活动梁产生相对位移时，应调整并紧固后重复预加载。

3.5.3.2 定级检测

按表 3.5-1 规定的分级值从最低级开始逐级进行检测。每级检测均使摆杆或活动梁沿 X 轴维度做相对往复移动三个周期，每个周期宜为 3～10s，在各级检测周期结束后，检查并记录试件状态。当幕墙试件或其连接部位出现损坏或功能障碍时应停止检测。

建筑幕墙层间变形性能分级（GB/T 18250—2015）　　　　表 3.5-1

分级指标	1	2	3	4	5
γx	$1/400 \leqslant \gamma x < 1/300$	$1/300 \leqslant \gamma x < 1/200$	$1/200 \leqslant \gamma x < 1/150$	$1/150 \leqslant \gamma x < 1/100$	$\gamma x \geqslant 1/100$
γy	$1/400 \leqslant \gamma y < 1/300$	$1/300 \leqslant \gamma y < 1/200$	$1/200 \leqslant \gamma y < 1/150$	$1/150 \leqslant \gamma y < 1/100$	$\gamma y \geqslant 1/100$
$\delta z/mm$	$5 \leqslant \delta z < 10$	$10 \leqslant \delta z < 15$	$15 \leqslant \delta z < 20$	$20 \leqslant \delta z < 25$	$\delta z \geqslant 25$

注：5 级时应注明相应的数值。组合层间位移检测时分别注明级别。

3.5.3.3　工程检测

对于判定是否达到设计要求的工程检测，层间位移角取工程设计指标值（一般的剪力墙结构体系，层间位移角为 1/800；核心筒-剪力墙结构体系，层间位移角为 1/550。涉及钢结构或复杂的组合结构体系，应由设计单位提出具体的层间位移角再进行检测）。操作静力加载装置，推动摆杆或活动梁沿 X 轴维度作三个周期的相对反复移动。每个周期宜为 3～10s，三个周期结束后将试件的可开启部分开关五次，然后关紧。检查并记录试件状态。当试件发生损坏（指面板破裂或脱落、连接件损坏或脱落、金属框或金属面板产生明显不可恢复的变形）或功能障碍（指启闭功能障碍、胶条脱落等现象）时应停止检测，记录试件状态。

同理，Y 轴维度和 Z 轴维度变形性能检测按上述步骤进行。

图 3.5-3 为某单楼层玻璃幕墙试件采用层间变形法进行 X 轴维度变形性能检测，液压千斤顶借助反力架推动活动梁左右移动。

结果评定：

定级检测以发生损坏或功能障碍时的分级指标值的前一级定级。当第 5 级多个变形量顺序检测通过时，可定为第 5 级，同时注明未发生损坏或功能障碍时的检测变形值。

工程检测达到设计位移值时，如未发生损坏或功能障碍，判定为满足工程使用要求，否则应判定为不满足工程使用要求。

图 3.5-3　X 轴维度变形性能工程检测

3.6　耐撞击性能

耐撞击性能表示幕墙面板、构件及其相互连接等部位抵抗外来物撞击，不发生危及人身安全的破损的能力。比如冰雹、风携碎物、飞鸟等室外撞击以及室内人群、桌椅等冲击。通过该项性能检测，可以及时发现幕墙的潜在问题，指导设计人员修改相关参数，最大限度地提高幕墙质量安全和可靠性。

3.6.1　撞击物体

按照现行标准，检测的撞击物体是 3 个靠拢的轮胎、配重和其他连接件组成的软重物，总质量分别为 50kg、66.7kg 以及其他质量（计算确定），质量允许偏差为 ±0.1kg；轮胎内压力应为 (0.35 ± 0.02)MPa。耐软重物撞击性能检测示意如图 3.6-1 所示，在自由状态时，软重物外缘与试件表面的距离宜介于 5～15mm 之间。

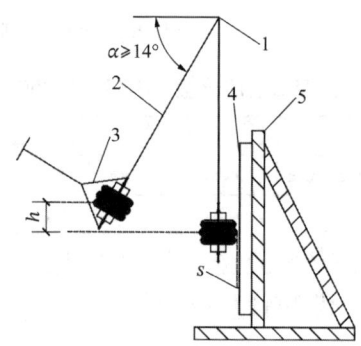

1—挂点；2—悬挂钢丝绳；3—释放装置；4—试件；5—安装框架；h—降落高度；s—软重物外缘与试件表面的距离

图 3.6-1　耐软重物撞击性能检测示意图

3.6.2　撞击点选取

（1）幕墙固定面板的中心；

（2）开启扇面板的中心；

（3）立柱相邻上下支座的中点；

（4）横梁的中点；

（5）立柱和横梁连接点上方 100mm 的立柱处；

（6）横梁距连接点 100mm 处。

对于玻璃幕墙，室内侧撞击点距建筑室内完成面高度不应大于 1.1m；对于石材幕墙、金属板幕墙及人造板材幕墙，室外侧撞击点应为幕墙面板的中心。

3.6.3　撞击能量

幕墙耐撞击性能检测的级别判定根据撞击能量而定，撞击能量按下式计算：

$$E = 9.8m \cdot h$$

式中：E——撞击能量（J）；

　　　m——撞击物体的质量（kg）；

　　　h——撞击物体的降落高度（m）。

3.6.4　检测步骤

根据委托单位提出的设计指标值，确定要使用的软重物总质量。

（1）悬挂撞击物体。首先调整软重物高度，使其在静止状态时，几何中心落在以撞击点为圆心以 50mm 为半径的幕墙立面上的圆形范围内。并保证碰撞接触面为轮胎外侧。

（2）提升撞击物体，使其中心达到指定的降落高度。降落高度为提升后软重物中心点高度与撞击点高度差。降落高度的误差为±20mm，悬挂钢丝绳与挂点水平面的水平夹角不宜小于 14°，保持撞击物体中心线和悬挂钢丝绳中心线在同一条直线上。

（3）释放撞击物体，使其自由下落并撞击 1 次。

（4）在 1 次撞击后，应立即拉紧撞击物体，避免反复撞击。

（5）观察并记录试件的状况。

图 3.6-2 为某项目单元式玻璃幕墙室内侧耐撞击性能测试，撞击点分别为距室内装修

完成面 1.1m 高度处宽度中点、单元板块内横梁中点。

图 3.6-2　单元板块耐撞击性能测试

3.6.5　结果判定

出现下列情况之一应判定为不合格：

（1）面板脱落、破碎或开裂；

（2）装饰条或其他附属构件脱落。

3.7　热循环性能

建筑幕墙热循环试验是通过模拟幕墙室内温度和湿度，室外冷热交替的恶劣环境气候，考察幕墙在经过多次热胀冷缩后，是否出现功能性障碍、部件损坏、密封材料失效，以及在低温状态下是否出现严重结露现象。通过该项性能测试来判定设计的幕墙结构是否符合当地气候条件下的正常使用要求。

3.7.1　检测装置

检测装置主要由室内环境模拟装置、室外环境模拟装置、试件安装支撑装置及测量装置组成，如图 3.7-1 所示。

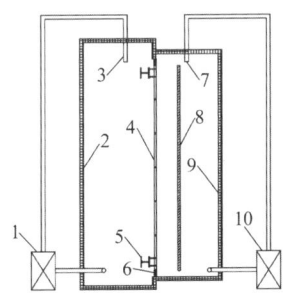

1—室内侧空气温湿度调节装置；2—室内侧保温箱体；3—室内侧空气循环系统；4—试件；
5—试件安装支撑系统；6—试件边缘封板；7—室外侧空气循环系统；8—红外辐射加热装置；
9—室内侧保温箱体；10—室外侧空气温度调节装置

图 3.7-1　热循环检测装置示意图

3.7.2 热循环检测

（1）根据试验方法，幕墙室外侧升温要求在规定的时间达到 T_{max}，加热器采用电发热管，加热器放置在幕墙试件外侧保温箱内。利用空气对流，使保温箱内在制冷或加热状态下让试件持续吸热或受冷。

（2）外侧保温箱材料采用高密度聚氨酯冷库专用板，间隙部位用发泡剂进行填缝密封。同时预留好对接口，检测时将制冷机组与保温箱对接好，这样室外侧的制冷、加热、密封等设施均已具备。

（3）当室外侧温度从 T_{max} 开始降温时，由于保温箱内处于高温状态，若此时直接启动制冷机组进行降温，会导致机组内冷却剂压力过高而引起故障。因此，早期阶段时宜选择空气对流降温方式，即在密封箱特定部位安装排气阀，并通过预设定程序控制通风量，之后可启动制冷机组进行降温。

（4）根据试验要求，室内侧温度保持 $T_{内}$，湿度保持 $\phi_{内}$。室内可选择空调作为制冷源，同时利用控制系统控制室内加热器加热，两者共同作用使室内侧环境达到恒温恒湿状态。加热器可兼作除湿用，其制造方法与室外加热器相同。

图 3.7-2 为在某项目的玻璃幕墙试件上选取 $6m \times 5m$（宽×高）的区域进行热循环测试，热循环周期数为 6 次，图 3.7-3 为室外环境温度变化曲线。

图 3.7-2　玻璃幕墙热循环测试

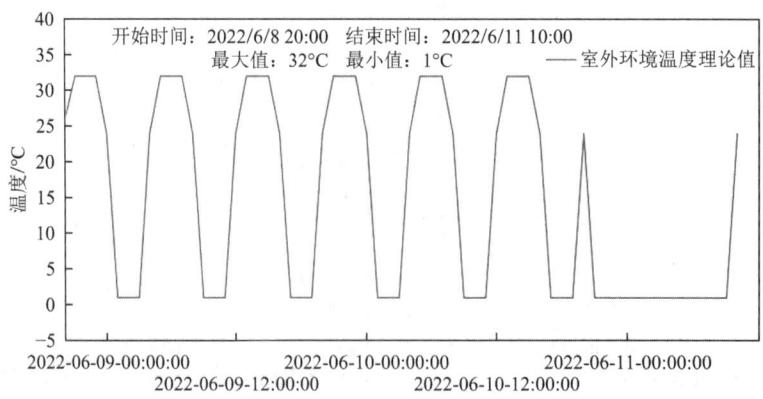

图 3.7-3　室外环境温度变化曲线

3.7.3　结露检测

在规定的时间内维持室内恒温恒湿，同时模拟室外低温环境，并保持 12h，观察试件是否出现功能障碍、部件损坏、结露等情况。

3.7.4　结果评定

若热循环检测过程中和检测完成后、结露检测过程中和检测完成后，试件出现功能障碍或损坏、严重结露现象时，则判定为不满足委托要求。

若热循环检测、结露检测后的气密性能、水密性能检测结果不符合委托要求，则判定为不满足委托要求。

附录

结构装配系统用附件与结构密封胶的相容性试验报告　　　　　附录1

试验标准：			样品编号：				
制样日期：　　年　　月　　日			检测日期：　　年　　月　　日				

紫外线辐照试验箱内温度：　　℃ 紫外线强度：　　μW/cm²			试验试件		对比试件		
			玻璃面朝下	玻璃面朝上	玻璃面朝下	玻璃面朝上	
基准密封胶型： 试验密封胶型： 附件类型：	试件编号		1	2	3	4	5	6	7	8
	颜色及外观变化	参照密封胶								
		试验密封胶								
	玻璃粘结破坏百分率/%	参照密封胶								
		试验密封胶								
	附件粘结破坏百分率/%	参照密封胶					—			
		试验密封胶								
说明								

幕墙玻璃检验报告　　　　　附录2

实验室环境温度：26℃　　相对湿度：65%　　实验室环境气压：100.4kPa

1. 尺寸及偏差
样品规格：610mm×610mm×(6+1.52SGP+6+12A+6)mm

试件编号	长边/mm	短边/mm	标准规定	单项评定
1	−2	+1	边长允许偏差： ±5mm	合格

2. 厚度及偏差
样品规格：610mm×610mm×(6+1.52SGP+6+12A+6)mm

试件编号	偏差/mm	标准规定	单项评定
1	+0.47	厚度允许偏差： ±1.0mm	合格

3. 外观质量
样品规格：610mm×610mm×(6+1.52SGP+6+12A+6)mm

试件编号	爆边	划伤	夹钳印与边缘距离及边部变形量	裂纹	缺角	标准规定	单项评定
1	0	0	无夹钳印	无	无	（1）爆边个数≤1处（每米边长上爆边允许尺寸：长度≤10mm、宽度≤2mm、深度≤玻璃厚度1/3）； （2）每平方米面积内划伤条数≤4条（划伤允许尺寸：长度≤100mm，划伤宽度≤1.0mm）； （3）夹钳印与玻璃边缘距离≤20mm，边部变形量≤2mm； （4）不允许存在裂纹、缺角	合格

4. 弯曲度
样品规格：610mm × 610mm × (6 + 1.52SGP + 6 + 12A + 6)mm

试件编号	弓形/%	弯形/%	标准规定	单项评定
1	< 0.1	< 0.1	弓形 ≤ 0.3% 波形 ≤ 0.2%	合格

5. 表面应力
样品规格：610mm × 610mm × (6 + 1.52SGP + 6 + 12A + 6)mm
测试面为内片玻璃

试件编号	表面应力/MPa	标准规定/MPa	单项评定
1	97		
2	99	≥ 90	合格
3	96		

6. 抗冲击性能
样品规格：610mm × 610mm × (6 + 1.52SGP + 6 + 12A + 6)mm
冲击面为内片玻璃

试件编号	试件状态	标准规定	单项评定
1	无破坏		
2	无破坏		
3	无破坏	共6块试件： （1）破坏数 ≤ 1 块为合格； （2）破坏数 = 2 块时，另取6块进行试验，破坏数 = 0 为合格； （3）破坏数 ≥ 3 块为不合格	合格
4	无破坏		
5	无破坏		
6	无破坏		

7. 落球冲击剥离性能
样品规格：610mm × 610mm × (6 + 1.52SGP + 6 + 12A + 6)mm
冲击面为外片玻璃

试件编号	钢球质量/g	冲击高度/mm	冲击后试件状态	标准规定	单项评定
7	2260	3000	两面玻璃破裂，中间层未断裂、未暴露		
8	2260	3800	一面玻璃破裂，中间层未断裂、未暴露	共6块试件： （1）试验后中间层不得断裂、不得因碎片剥离而暴露； （2）当5块或5块以上符合时为合格，3块或3块以下符合时为不合格。当4块符合时，追加6块新试件重新进行试验，6块全部符合时为合格	
9	2260	3800	两面玻璃破裂，中间层未断裂、未暴露		
10	2260	3000	一面玻璃破裂，中间层未断裂、未暴露		合格
11	2260	2400	两面玻璃破裂，中间层未断裂、未暴露		
12	2260	3800	两面玻璃破裂，中间层未断裂、未暴露		

8. 霰弹袋冲击性能

样品规格：1930mm × 964mm × (6 + 1.52SGP + 6 + 12A + 6)mm

冲击面为外片玻璃

试件编号	冲击高度/mm	试件状态	破坏后质量/g	最大碎片长度/mm	标准规定	单项评定
20	1200	无破坏	—	—	（1）冲击高度≥300mm，无破坏或安全破坏。（2）安全破坏：①破坏时，每试件最大10片碎片质量总和不大于试样65cm²面积的质量。②框内任何无贯穿裂纹的碎片长度不大于120mm	合格
21	1200	无破坏	—	—		
22	1200	无破坏	—	—		
23	1200	无破坏	—	—		

9. 碎片状态性能

样品规格：610mm × 610mm × (6 + 1.52SGP + 6 + 12A + 6)mm

测试面为内片玻璃

试件编号	碎片数/片	最长碎片/mm	标准规定	单项评定
13	85	25	（1）碎片数≥40片；（2）长条形最长碎片≤75mm	合格
14	98	20		
15	102	18		
16	92	19		

10. 夹层材质

样品规格：610mm × 610mm × (6 + 1.52SGP + 6 + 12A + 6)mm

试件	邵氏硬度（Shore A）	拉伸强度/MPa
17	80	24.2
18	81	22.2
19	82	25.0
平均值	81	23.8

建筑玻璃物理力学性能检验报告　　　　　　　　　附录 3

检验检测机构名称					
建筑玻璃物理力学性能检验报告					
检验类别					
委托单位				报告编号	
工程名称				委托编号	
工程部位				检评依据	
见证单位				见证人及见证卡号	
监督员		监督单位		监督登记号	
委托日期		检验日期	至	报告日期	

样品信息					
样品编号		样品名称		出厂日期	
产品分类				出厂编号	
厚度		生产厂家或商标			
检测结果					
序号	检测项目	检测依据	技术要求	检测结果	单项评定
1	外观质量				
2	尺寸偏差				
3	厚度偏差				
4	弯曲度				
5	抗冲击性				
6	碎片状态				
7	霰弹袋冲击性能				
结论					
备注					

声明：
1. 未经本单位书面批准，不得部分复制本检验检测报告（完全复制除外）。
2. 如对本报告的有效性有异议，请在报告日期15天内以书面形式向本单位提出，逾期不予受理。
3. ……（有特殊声明在此表示）

批准		审核		主检	
地址				电话	